Jawad Rasheed Al-Zaidi
Amin Al-Sulami

Resistência antibacteriana nas enfermarias de cirurgia

Jawad Rasheed Al-Zaidi
Amin Al-Sulami

Resistência antibacteriana nas enfermarias de cirurgia

Staphylococcus aureus resistente à meticilina (MRSA) adquirido no hospital como exemplo

ScienciaScripts

Imprint

Any brand names and product names mentioned in this book are subject to trademark, brand or patent protection and are trademarks or registered trademarks of their respective holders. The use of brand names, product names, common names, trade names, product descriptions etc. even without a particular marking in this work is in no way to be construed to mean that such names may be regarded as unrestricted in respect of trademark and brand protection legislation and could thus be used by anyone.

Cover image: www.ingimage.com

This book is a translation from the original published under ISBN 978-3-659-83207-9.

Publisher:
Sciencia Scripts
is a trademark of
Dodo Books Indian Ocean Ltd. and OmniScriptum S.R.L publishing group

120 High Road, East Finchley, London, N2 9ED, United Kingdom
Str. Armeneasca 28/1, office 1, Chisinau MD-2012, Republic of Moldova, Europe
Printed at: see last page
ISBN: 978-620-8-18004-1

ÍNDICE DE CONTEÚDOS

DEDICAÇÃO

TO

Todos os doentes e povos iraquianos
que sofriam de doenças e
guerras

Dedicamos este livro

Autores

Agradecimentos

Em primeiro lugar, todos os agradecimentos para o grande e Todo-Poderoso ALLAH que deu o poder e a capacidade de realizar este livro.

Os nossos agradecimentos especiais vão para o pessoal do hospital universitário Al-Hussein e para o pessoal do laboratório de saúde pública da cidade de Nasiriyah, onde foram efectuadas as partes deste trabalho, e também para todos os doentes hospitalizados que deram o seu consentimento para a realização deste trabalho.

Os autores gostariam também de expressar a sua gratidão e grande apreço ao pessoal do departamento de biologia/ faculdade de educação para ciências puras e faculdade de medicina/ Universidade de Basrah/Iraque pelo seu apoio e cooperação neste trabalho.

Gostaríamos de agradecer ao pessoal do laboratório de Biotecnologia da Faculdade de Ciências/Universidade de Basrah pelos seus conselhos e esforços que contribuíram para completar a parte da PCR deste trabalho.

Autores

List of Abbreviations

AIDS	Acquired Immunodeficiency syndrome
AMR	Antimicrobial resistant
BORSA	Borderline oxacillin-resistant *Staphylococcus aureus*
CA-MRSA	community associated Methicillin-resistant *Staphylococcus aureus*

CC	clonal clusters
CDC	Centers for Disease Control and Prevention
CLSI	Clinical and Laboratory Standards Institute
CoNS	coagulase-negative staphylococci
CoPS	coagulase-positive staphylococci
DD Test	Disk Diffusion Test
DNA	Deoxyribonucleic Acid
EDTA	Ethylene diamine tetra acetic acid
E-test	Epsilometer test
EUCAST	European Committee on Antimicrobial Susceptibility Testing
FDA	Food and Drug Administration
FOX	Cefoxitin
HA–MRSA	Hospital- associated Methicillin-resistant *Staphylococcus aureus*
HCWs	Healthcare Workers
ICU	Intensive care unit
LA-MRSA	livestock-associated MRSA
MALDI-TOF MS	matrix-assisted laser desorption ionization-time of flight mass spectrometry
ME	Methicillin
mecAgene	Methicillin resistant gene
MHA	Mueller-Hinton agar
MIC	Minimum Inhibitory Concentration
MLST	Multilocus sequence typing
MLVA	Multilocus variable-number tandem repeat analysis
mM	Milli mole
MRSA	Methicillin-resistant *Staphylococcus aureus*
MSCRAMM	microbial surface components recognizing adhesive matrix molecules
MSSA	Methicillin-susceptible *Staphylococcus aureus*
NAATs	Nucleic acid amplification techniques
NAV-CO2	Non-flammable Alcohol Vapor in Carbon Dioxide
NC	Negative control
NPV	negative predictive value
ORSA	oxacillin-resistant *Staphylococcus aureus*
OX	Oxacillin
PBP2a	penicillin-binding protein 2a
PCR	Polymerase Chain Reaction
PFGE	Pulsed-field gel electrophoresis
PPV	positive predictive value

PVL	Panton-Valentine leukocidin
RT-PCR	Real-time PCR
SCC	Staphylococcal cassette chromosome
Spa	Staphylococcal protein A
SSI	surgical site infections
ST	sequence type
TAT	Turnaround time
TBE Buffer	Tris-Borate-EDTA buffer
TE Buffer	Tris- EDTA buffer
TSS	Toxic shock syndrome
TSST	Toxic shock syndrome toxin
VISA	vancomycin-intermediate *S. aureus*
VRSA	vancomycin- resistant *S. aureus*
WHO	World Health Organization
β-lactam	Beta-lactam

CAPITULO UM

1.1. Introdução

O Staphylococcus aureus resistente aos antimicrobianos, em particular o *Staphylococcus aureus* resistente à meticilina, foi reconhecido pela Organização Mundial de Saúde (OMS) como uma das três principais ameaças à saúde humana (Ferreira, 2011). Representa uma carga de doença 100 vezes superior à da tuberculose (TB) e tem uma taxa de mortalidade anual que excede a do VIH-SIDA (Klevens *et al,* 2007; Peterson, 2010).
O *Staphylococcus aureus* resistente à meticilina (MRSA) é um tipo de bactéria estafilocócica resistente a certos antibióticos chamados beta- lactâmicos, que incluem a meticilina e outros antibióticos mais comuns, como a oxacilina, a cefoxitina, a penicilina e a amoxicilina (CDC, 2011).

Os Staphylococcus aureus resistentes à meticilina foram registados pouco depois da sua introdução em 1960. Os relatórios iniciais foram provenientes do Reino Unido (Jevons, 1961).
O MRSA tornou-se um grande problema a nível mundial, sendo capaz de causar uma grande variedade de doenças, desde inflamações superficiais da pele a infecções invasivas graves, como a bacteriemia, que conduz à endocardite e à osteomielite (Tenover&Gorwitz, 2006; Vainio, 2012**).**

O MRSA é capaz de causar infecções graves em indivíduos jovens e saudáveis, embora as infecções graves se desenvolvam normalmente em doentes hospitalizados, especialmente naqueles com doenças imunocomprometidas (Vandecasteele *et al.,* 2009). As infecções hospitalares por MRSA (HA-MRSA) incluem infecções de feridas e outras infecções da pele e dos tecidos moles, bacteriemia, pneumonia e infecções dos ossos e das articulações (Liuet *al.,* 2011).

Após a introdução da meticilina em 1959, o *S. aureus* resistente à meticilina (MRSA) emergiu rápida e amplamente como um importante fardo nosocomial em todo o mundo (Kluytmans e Struelens, 2009). O MRSA continua a ser um problema importante nos hospitais, mas também emergiu como um problema na comunidade (Tenover *et al.* 2006). Há mais mortes associadas ao MRSA do que às estirpes susceptíveis de *S. aureus* (MSSA) (Cosgrove, *et al.,* 2003).
Foi relatado que os doentes colonizados com MRSA têm 4 vezes mais probabilidades de desenvolver uma infeção invasiva do que os colonizados com MSSA (Safdar & Bradley, 2008).

Os factores de risco que se sabe predisporem um doente para HA MRSA incluem procedimentos cirúrgicos, tratamento em unidades de cuidados intensivos (UCI) ou unidades de trauma, material estranho implantado, inserção de cateteres intravasculares ou cateteres de urina e pele danificada (Coia, *et al.,* 2006).

O MRSA é tipicamente resistente a outras classes de antimicrobianos que não os P-lactâmicos, pelo que é um exemplo de organismo resistente aos antimicrobianos (AMR), tendo sido reportado globalmente que é um agente patogénico significativo para a medicina humana e veterinária (Ferreira, 2011).

A resistência à meticilina no *Staphylococcus aureus* é causada pelo *gene mecA*, que está inserido num elemento móvel do cromossoma de cassete estafilocócico (SCC), conhecido como SCCmec, e que codifica uma proteína 2a de ligação à penicilina (PBP2a) alterada, com baixa afinidade para antibióticos beta-lactâmicos, como a penicilina, a meticilina e as cefalosporinas (Chambers, 1997). Os MRSA são gerados quando os MSSA adquirem o gene mecA. Recentemente, descobriu-se que um novo homólogo do gene mecA, mecALGA251, em referência aos isolados de *S. aureus* LGA251 a partir dos quais foi descrito, também transmite resistência à meticilina. (GarnaAlvarez,*et al.*, 2011). Foi recentemente rebaptizada *mecC* (Laurent, *et al.*, 2012; Petersen, *etal.*, 2012).

Nos hospitais, a transmissão ocorre de um indivíduo colonizado ou infetado para outros, principalmente através das mãos de profissionais de saúde transitoriamente colonizados. As narinas anteriores são o local mais comum de transporte de MRSA, o que aumenta o risco de um doente desenvolver uma infeção associada aos cuidados de saúde com esta bactéria, especialmente após a cirurgia e em diálise peritoneal (Kallen, *et al.*, 2005; Nouwen, *et al.*, 2006).

O rastreio pré-operatório do transporte nasal e o tratamento subsequente dos portadores reduz o risco de desenvolvimento de infecções por MRSA adquiridas no hospital (Bode, et al., 2010). Consequentemente, a duração média do internamento hospitalar e os custos são reduzidos nos portadores tratados (Wassenberg, *et al.*, 2011; 2012).
A transmissão, infeção e colonização por MRSA são evitáveis através da adesão rigorosa às medidas de controlo de infecções recomendadas, como a higiene das mãos, a limpeza de equipamentos e enfermarias e, mais recentemente, a implementação de medidas de vigilância ativa para rastrear e identificar os doentes que são portadores de MRSA. A vigilância ativa do MRSA envolve a cultura direta ou não direta das narinas dos doentes no momento da admissão ou durante o internamento. O objetivo destas medidas de intervenção é limitar a transmissão de MRSA e evitar surtos em unidades de cuidados intensivos, bem como noutros ambientes de doentes. Essa prática é recomendada pela Society of Healthcare Epidemiology of America (Muto, *et al.*, 2003).

Estas políticas foram testadas ou estão atualmente a ser utilizadas para controlar a RAM/MRSA. Uma delas envolve o rastreio dos doentes e dos profissionais de saúde nos hospitais através de zaragatoa nasal utilizando um ágar cromogénico seletivo, que é um método específico e sensível para a deteção rápida de MRSA, para além do método molecular do ensaio de Reação em Cadeia da Polimerase (PCR) que se centra na identificação do gene *mecA*.
Os objectivos deste trabalho foram:
    1-Detetar a taxa de prevalência de Staphylococcus *aureus* resistente à meticilina

adquirida no hospital (HA-MRSA) utilizando vários métodos, incluindo:
A-Meio seletivo cromogénico
B-Teste de difusão em **disco**
C-MRSA Reação em cadeia da polimerase Ensaio de PCR entre:
-Pacientes das enfermarias **cirúrgicas**
-**Ambiente** das enfermarias de cirurgia
2- Avaliar e comparar os métodos de tipagem para a deteção de HA-MRSA.
3- Determinação dos padrões de resistência aos antibióticos de MRSA
4- Deteção da presença de *mecAgene* por reação em cadeia da polimerase (PCR) para confirmar os testes fenotípicos dos isolados.

1.2. Revista Literaturas

1.2.1. Os estafilococos

O género *Staphylococcus* tem pelo menos 40 espécies. As três espécies de importância clínica mais frequentemente encontradas são *Staphylococcus aureus, Staphylococcus epidermidis* e *Staphylococcus saprophyticus. O S aureus* é coagulase-positivo, o que o diferencia das outras espécies. *O S aureus* é um importante agente patogénico para os seres humanos. Quase todas as pessoas terão algum tipo de infeção *por S aureus* durante a vida, variando em gravidade desde intoxicações alimentares ou infecções cutâneas menores até infecções graves com risco de vida (Brooks *et al*, 2011). Existem 6 espécies de estafilococos coagulase-positivos (CoPS) que foram identificadas para além do *S. aureus*. Estas incluem *S. intermedius, S. schleiferi* subsp. *coagulans, S. hyicus, S. lutrae, S. delphini* e *S. pseudo- intermedius* (Sasaki *et al.*, 2010).

Os estafilococos coagulase-negativos (CoNS) são flora humana normal e por vezes causam infecções, frequentemente associadas a dispositivos implantados, como próteses articulares, shunts e cateteres intravasculares, especialmente em doentes muito jovens, idosos e imunocomprometidos. O número atual de espécies de CoNS identificadas é de 36 (Coton, *et al.*, 2010).

Aproximadamente 75% destas infecções causadas por estafilococos coagulase-negativos são devidas a *S. epidermidis;* as infecções devidas a *Staphylococcus lugdunensis, Staphylococcus warneri, Staphylococcus hominis* e outras espécies são menos comuns. *O S saprophyticus* é uma causa relativamente comum de infecções do trato urinário em mulheres jovens, embora raramente cause infecções em doentes hospitalizados. Outras espécies são importantes em medicina veterinária. Os estafilococos desenvolvem rapidamente resistência a muitos agentes antimicrobianos e apresentam problemas terapêuticos difíceis. (Rogers *et al.*, 2009; Jawetz et al., 2011).

1.2.1.1 Caracterização e identificação de *S. aureus*

O Staphylococcus aureus é uma célula bacteriana esférica agramaticalmente positiva que cresce em 3 dimensões formando aglomerados semelhantes a uvas. Cocos simples, pares, tétrades e cadeias também são observados em culturas líquidas.

Os cocos jovens apresentam uma coloração fortemente gram-positiva; com o envelhecimento, muitas células tornam-se gram-negativas. Os estafilococos não são móveis, não formam esporos e são anaeróbios facultativos. Podem crescer a temperaturas que variam entre 15°C e 45°C e a concentrações elevadas de NaCl até 15%. Um teste de catalase pode ser utilizado para diferenciar colónias de *Staphylococcus* de outras bactérias gram-positivas. As espécies catalase-positivas, como os estafilococos, formam bolhas de gás oxigénio quando uma colónia entra em contacto com peróxido de hidrogénio. As espécies catalase negativas, como os estreptococos e os enterococos, não provocam uma reação detetável. O *S. aureus* é um agente patogénico para o ser humano e também pode ser encontrado em animais domésticos, como porcos, cães e cavalos. As colónias típicas de *S. aureus* de 24 horas são grandes, de cor amarela-creme a laranja e beta-hemolíticas em ágar sangue. Outros estafilococos formam pequenas colónias brancas sem a hemólise circundante (Bannerman, 2003).

O ágar sal de manitol é normalmente utilizado para culturas puras de estafilococos. Contém manitol, um indicador de pH chamado vermelho de fenol e sal (NaCl 7,510%). *O S. aureus* é capaz de fermentar o manitol, o que resulta num subproduto ácido e numa consequente alteração da cor do indicador para amarelo. A maioria dos estafilococos coagulase-negativos (CoNS) clinicamente significativos, com exceção do *S. saprophyticus*, não consegue utilizar o manitol e a cor da placa MSA permanece vermelha em torno dessas colónias (Vuopio-Varkila, et al, 2010). O outro teste para a identificação de *S. aureus* é um teste de coagulase positivo. A coagulase é uma enzima que converte o fibrinogénio em fibrina, ou seja, provoca a coagulação do sangue. *O S. aureus* produz coagulase livre e coagulase ligada às superfícies celulares, enquanto o CoNS não exprime a proteína. O teste da coagulase em tubo é considerado o padrão de ouro para distinguir uma espécie coagulase-positiva da espécie geralmente menos virulentaCoNS , O teste é positivo para a presença de uma espécie coagulase-positiva, tambémMétodos de multiplex-PCR para a identificação fiável de colónias de *S. aureus* são mais adequados para uso laboratorial de rotina foram desenvolvidos recentemente (Sasaki, *et al.*, 2010).

As camadas exteriores de *S. aureus* são importantes para a proteção contra muitas moléculas nocivas diferentes no seu ambiente. A parede celular de *S. aureus* é constituída por peptidoglicano e ácidos teicóicos, que estão ligados ao peptidoglicano ou à membrana citoplasmática (Xia, *et al.*, 2010).
Além disso, mais de 90% de todos os isolados clínicos de estirpes de *S. aureus* estão cobertos por uma cápsula polissacárida e, até à data, foi descrito um total de 11 serotipos de cápsula putativos, dos quais os serotipos mais prevalentes são o 5 e o 8. Ambos os serotipos são predominantes entre os isolados de infecções clínicas, bem como de fontes comensais (Riordan & Lee, 2004). O genoma *de S. aureus* é constituído por um único cromossoma circular com sequências de inserção, transposões e ilhas genómicas. Os genomas de *S. aureus* têm um tamanho aproximado de 2,9 pares de megabases (Mbp) com um conteúdo G+C relativamente baixo (Baba, *et al.*, 2008).
S. aureus é a espécie de estafilococos mais significativa do ponto de vista clínico.

As caraterísticas do *S. aureus* explicam a sua patogenicidade, que assume muitas formas. Crescem comparativamente bem em condições de alta pressão osmótica e baixa humidade, o que explica parcialmente porque podem crescer e sobreviver nas secreções nasais e na pele. Foi reconhecido como uma importante causa de doença em todo o mundo e tornou-se um importante agente patogénico associado a infecções hospitalares e adquiridas na comunidade (Tortora, *et al.*,1992; Palavecino, 2007).

Os testes API (kit) podem identificar um estafilococo clínico. Os API são compostos por tiras de plástico que contêm geralmente 20 tubos em miniatura. *O Staphylococcus aureus pode* ser identificado utilizando estes testes API. A identificação é bastante fácil e estes testes dão resultados de identificação exactos. O sistema de identificação possui bases de dados extensas de reacções bioquímicas caraterísticas dos microrganismos e é normalizado pelas instruções do fabricante (Geary, *et al.* 1989).

1.2.1.2. Transporte de *Staph aureus*

As narinas anteriores são o local mais comum de transporte assintomático de *S. aureus* nos seres humanos e os outros locais de colonização incluem o períneo, a vagina, a garganta, as axilas, as virilhas e as pregas cutâneas intertriginosas (Solberg, 1965; Coello, *et al.*, 1994).

Cerca de 20% da população são portadores persistentes, enquanto aproximadamente 30% são portadores do organismo apenas de forma intermitente, sendo que as crianças têm taxas de portadores persistentes mais elevadas do que os adultos (Kluytmans, et al., 1997; Wertheim, *et al.*, 2005).

O transporte de *S. aureus* é normalmente mais elevado em doentes hospitalizados. O organismo também se encontra no vestuário, na roupa de cama e noutras espumas de ambientes humanos. *O S. aureus* pode ser transmitido a outros indivíduos em hospitais e na comunidade a partir de portadores saudáveis entre os doentes e o pessoal, bem como a partir de pessoas infectadas. A via de transmissão mais importante é o contacto direto através das mãos do pessoal hospitalar. Pode também propagar-se por contaminação do ambiente ou por disseminação aérea, especialmente a partir do trato respiratório superior e da pele (Solberg, 2000).

1.2.1.3. Factores de virulência *do Staph aureus*
A capacidade das bactérias para causar doenças nos seres humanos deve-se principalmente à evasão do sistema imunitário do hospedeiro. *S. aureus* pode expressar um grande número de diferentes factores de virulência, desempenhando um papel na patogénese da infeção. A forma e a gravidade da doença resultam da complicada interação entre as actividades dos factores de virulência de *S. aureus* da estirpe infetante e a defesa do hospedeiro. Um fator de virulência pode ter várias funções na patogénese, e vários factores de virulência podem desempenhar a mesma função. A patogénese estafilocócica é multifatorial, envolvendo três classes de

factores que são direta ou indiretamente prejudiciais: proteínas segregadas, proteínas ligadas à superfície celular e componentes da superfície celular. As proteínas segregadas, incluindo super antigénios (por exemplo, toxina-1 da síndrome do choque tóxico, enterotoxinas A-D), citotoxinas [por exemplo, leucocidina de Panton-Valentine

(PVL); a, P, y, 6hemolisina] e enzimas que degradam os tecidos (por exemplo, lipases, proteases), permitem que as bactérias invadam e destruam os elementos celulares e estruturais locais dos tecidos e órgãos do hospedeiro (Novick,2006; Gordon&Lowy,2008).

1.2.1.3.1. Proteínas secretadas

S. aureus produz uma grande variedade de exoproteínas, a maioria das quais durante a fase de crescimento pós-exponencial. Estas proteínas degradam o tecido do hospedeiro em nutrientes necessários para o crescimento da bactéria, e/ou permitem que a bactéria penetre mais profundamente no tecido do hospedeiro (Dinges, *et al*.2000).

1.2.1.3.1.1. Toxinas

1.2.1.3.1.1.1.   A alfa-hemolisina (ou alfatoxina) é dermonecrótica, neurotóxica e lisa as células dos mamíferos, especialmente os glóbulos vermelhos, formando um poro na membrana alvo (Bhakdi&Tranum,1991). A beta-hemolisina actua como esfingomielinase, a gama-hemolisina tem atividade leucocitolítica e foi sugerido que a delta-hemolisina tem propriedades surfactantes ou de formação de canais (Dinges, *et al*.2000).

1.2.1.3.1.1.2. A leucocidinaPenton-Valentineleucocidin (PVL) tem atividade leucocitolítica, a toxina PVL é codificada por dois genes localizados no profago (Deurenberg&Stobberingh, 2008). É letal para os neutrófilos e causa necrose dos tecidos através da formação de poros nas membranas celulares, estando associada a infecções da pele e dos tecidos moles e a pneumonia necrosante grave (Labandeira, *et al*.2007).
A produção de PVL também tem sido associada a estirpes de *S. aureus* resistentes à meticilina adquiridas na comunidade (CA-MRSA) (Vandenesch, *et al*.2003).

1.2.1.3.1.1.3. Toxina da síndrome do choque tóxico (TSST)

A TSST-1 liga-se a moléculas MHC de classe II, provocando a estimulação das células T, o que promove as manifestações proteicas da síndrome do choque tóxico. A toxina está associada a febre, choque e envolvimento de vários sistemas, incluindo uma erupção cutânea descamativa. O gene para a TSST-1 encontra-se em cerca de 20% dos isolados de *S aureus*, incluindo MRSA. A toxina é um super antigénio que induz a expansão clonal de muitos tipos de linfócitos T, levando à produção maciça de citocinas, que depois dão origem aos sintomas clínicos do choque tóxico (Brook, *et al.*, 2011).

1.2.1.3.1.1.4. Toxina esfoliativa

Estas toxinas epidermolíticas de *S aureus* são duas proteínas distintas com o mesmo peso molecular. A toxina epidermolítica A é um produto de um gene cromossómico e é estável ao calor (resiste à ebulição durante 20 minutos). A toxina epidermolítica B é mediada por um plasmídeo e é estável ao calor. As toxinas epidermolíticas provocam a descamação generalizada da síndrome da pele escaldada estafilocócica, dissolvendo a matriz mucopolissacarídica da epiderme. As toxinas são superantigénios; provocam a síndrome da pele escaldada ao separar a epiderme da derme.

1.2.1.3.1.1.5. Enterotoxina

Existem várias enterotoxinas (A-E, G-J, K-R e U, V). Aproximadamente 50% das estirpes de *S aureus* podem produzir uma ou mais. Tal como o TSST-1, as enterotoxinas são super antigénios. As enterotoxinas são estáveis ao calor e resistentes à ação das enzimas intestinais. Causas importantes de intoxicação alimentar, as enterotoxinas são produzidas quando *o S aureus* cresce em alimentos ricos em hidratos de carbono e proteínas. A ingestão de 25 microgramas de enterotoxina B resulta em vómitos e diarreia. O efeito emético da enterotoxina é provavelmente o resultado da estimulação do sistema nervoso central (centro do vómito) depois de a toxina atuar sobre os receptores neurais no intestino (Brook, *et al,* 2011).

1.2.1.3.1.2. Enzimas:

1.2.1.3.1.2.1. Coagulase

O papel da coagulase livre na virulência de *S. aureus* é incerto, no entanto, é produzida por 97% dos isolados humanos e tem uma função biológica como ativador da protrombina; é considerado um provável fator de virulência. O fator de aglutinação ligado à parede celular, outra proteína de ligação ao fibrinogénio, partilha uma semelhança significativa de sequência com a coagulase e o seu papel na aderência é mais claro do que o da coagulase produzida (Siboo et. al, 2001).

1.2.1.3.1.2.2. Hialuronidase A hialuronidase digere o ácido hialurónico presente na pele, nos ossos, no cordão umbilical, no corpo vítreo do olho e no líquido sinovial, ou seja, digere o tecido conjuntivo.

1.2.1.3.1.2.3. Estafilocinase A estafilocinase é um ativador do plasminogénio (Lahteenmaki *et al.* 2001).

1.2.1.3.1.2.4. ProteaseEstas proteínas têm a capacidade de clivar e inativar os anticorpos IgG e podem incluir proteção contra os péptidos antimicrobianos (Ryffel, et al.1994).

1.2.1.3.1.2.5. Catalase Os estafilococos produzem catalase, que converte o peróxido de hidrogénio em água e oxigénio. O teste da catalase diferencia os estafilococos, que são positivos, dos estreptococos, que são negativos.

1.2.1.3.2. Proteínas e componentes da superfície celular

As proteínas da superfície celular necessárias para a fixação ao tecido hospedeiro são expressas na fase logarítmica de crescimento durante a síntese da parede celular. Estes componentes da superfície microbiana que reconhecem as moléculas da matriz adesiva (MSCRAMM) incluem a proteína de ligação à fibronectina, a proteína de ligação ao fibrinogénio, a proteína de ligação ao colagénio e o fator de aglutinação (Patti , et al.1994).

A proteína estafilocócica A (Spa) é a proteína de superfície mais conhecida de *S. aureus*. A Spa foi isolada pela primeira vez de *S. aureus* após digestão com lisostafina em 1972 (Sjoquist,et al,1972). Compreende cinco domínios de ligação a Ig quase idênticos, uma região polimórfica X e uma sequência de ligação à parede celular Cterminal (Guss,et al.1984). O Spa liga-se à região Fc da IgG e bloqueia a sua função normal. Isto inibe a fagocitose e pode disfarçar a bactéria do sistema imunitário inato, evitando a ativação da cascata do complemento dependente da opsonização (Wright & Novick 2003).

Foi igualmente referido que a proteína A é capaz de se ligar às plaquetas através do recetor gC1qR/p33 (Nguyen,et al.2000). Além disso, a tipagem de spa é um método de genotipagem amplamente utilizado para comparar isolados de *S. aureus*, devido à região altamente variável (Frenay,et al.1996).

Os componentes da superfície celular, incluindo a cápsula polissacárida e os componentes do peptidoglicano da parede celular, têm diferentes actividades na patogénese de *S. aureus*. As cápsulas mucóides podem bloquear a fagocitose, mascarando o fator de complemento C3b ligado à parede celular (Cunnion, et al.2001). No entanto, o papel das cápsulas de *S. aureus* na patogénese é controverso. Todos os factores de virulência mais importantes e as suas funções na doença foram resumidos na Tabela 1-1.

Tabela 1-1. Factores de virulência _de Staphylococcus aureus_.

Virulence factor	Description	Virulencefunctions	Clinical consequences
Haemolysin (α,β,γ,δ) PVL protein A capsular – polysaccharides	cytotoxins	lysis of blood cells destruction of leucocytes evasion of opsonization biofilm production	necrotizing pneumonia metastatic infections persistent infections, abscess formation
TSST enterotoxins exfoliative toxins	exotoxins	releases cytokines gastrointestinal toxins cleaves epidermal structures	toxic shock syndrome food poisoning scalded skin syndrome
PBP2ad penicillinase VanA modifying enzymes efflux pumps	Resistance-determinants	altered antibiotic binding site cleaves penicillin altered antibiotic binding site inactivation of drug molecules exocytosis of drug molecules	methicillin resistance penicillin resistance vancomycin resistance aminoglycoside resistance aminoglycoside resistance
clumping factors collagen binding protein fibrinogen binding protein proteases lipases hyaluronidases elastase nucleases	Surface protein MSCRAMMas invasines	attachment to host tissues penetration into host tissues	endocarditis, foreign body infections septic arthritis invasion and destruction
Catalase staphyloxanthin	antioxidants	reduction of reactive oxygen	increased survivability

Source: Modified from Raygada & Levine, 2009.

PVL: leucocidina de Panton-Valentine
TSST: toxina da síndrome do choque tóxico
PBP2a: uma proteína de ligação à penicilina alterada codificada pelo mecAgene
VanA: um gene que codifica a resistência à vancomicina
MSCRAMM: componentes de superfície microbiana que reconhecem moléculas de matriz adesiva

1.2.1.4. Infecções por *Staph aureus*

O Staph aureus pode causar uma grande variedade de doenças, desde infecções cutâneas ligeiras a formas fatais de bacteriemia. A infeção mais comum por *S. aureus* é a inflamação superficial da pele com um furúnculo ou furúnculo. Outras infecções cutâneas e subcutâneas causadas por *S. aureus* incluem foliculite, carbúnculos, celulite, mastite e impetigo. As infecções mais graves *por S. aureus* incluem osteomielite, pneumonia, artrite, síndrome da pele escaldada, endocardite, miocardite, pericardite e bacteriemia. Em ambiente hospitalar, *o S. aureus* pode causar pneumonia, com uma mortalidade de 15-20%. *S. aureus* é o agente patogénico mais importante no desenvolvimento de infecções do local cirúrgico (SSI). Os doentes que transportam este agente patogénico *no* nariz correm um risco acrescido de desenvolverem uma ISC em cirurgia cardiotorácica e ortopédica. Nestas populações, foi demonstrado que o risco de ISC pode ser substancialmente reduzido através da erradicação do transporte de *S. aureus*, sendo também a terceira causa mais comum de infecções nosocomiais da corrente sanguínea em unidades de cuidados intensivos (Cookson, et al., 2003; Tenover & Gorwitz, 2006).

O S. aureus é uma das principais causas de bacteriemia e está associado a uma elevada morbilidade e mortalidade (Corey, 2009). A bacteriemia tem frequentemente origem em diferentes fontes de infeção, tais como pneumonia, osteomielite, abcessos de tecidos profundos e êmbolos pulmonares sépticos. A bacteriémia também pode ter origem em corpos estranhos, como cateteres intravenosos e endopróteses (Tenover & Gorwitz, 2006; Rubinstein, 2008).

Além disso, *o S. aureus* foi considerado o segundo agente patogénico mais comum que causa infecções da corrente sanguínea na população em idade ativa (dos 15 aos 64 anos) e nos idosos (a partir dos 65 anos).
Embora vários locais do corpo possam ser colonizados por *S. aureus*, o que leva a várias infecções noutros locais. (Wertheim, et al., 2005; Corey, 2009).
O S. aureus está também frequentemente associado a infecções de feridas pós-operatórias, infecções relacionadas com cateteres, síndrome do choque tóxico (SCT) e intoxicação alimentar. A SCT é causada pela toxina 1 da síndrome do choque tóxico, que é um superantigénio potente. A SCT menstrual está tipicamente associada ao uso de tampões altamente absorventes em mulheres previamente saudáveis. A SCT não menstrual pode resultar de qualquer infeção estafilocócica primária ou da colonização com uma estirpe de *S.aureus* produtora de toxinas. Os sintomas da SST incluem febre alta, hipotensão, erupção cutânea e envolvimento de múltiplos sistemas de órgãos (Tenover & Gorwitz, 2006; Lappin & Ferguson. 2009).
A intoxicação alimentar comum, auto-limitada, é causada por enterotoxinas presentes em alimentos contaminados e é caracterizada por náuseas, vómitos, dor de cabeça e, por vezes, diarreia. Os sintomas começam quatro a cinco horas após o consumo do alimento contaminado (Wieneke et al., 1993).

1.2.1.5. Epidemiologia

O reservatório primário de *S. aureus* são as narinas, ocorrendo também colonização nas axilas, vagina, faringe e outras superfícies cutâneas. Nos adultos, 20% a 45% dos indivíduos normais são portadores de *S. aureus* nas narinas anteriores, enquanto 5% dos recém-nascidos são colonizados com este organismo nas narinas anteriores. As crianças correm maior risco de morte associada a bacteriémia por *S. aureus* (Herwaldt, 2003; Ladhani *et al.* 2004).

As principais fontes de infeção são as lesões humanas, os fómites contaminados por essas lesões e o trato respiratório e a pele humanos. A propagação da infeção por contacto assumiu uma importância acrescida nos hospitais, onde uma grande proporção do pessoal e dos doentes é portadora de estafilococos resistentes aos antibióticos no nariz ou na pele. Nos hospitais, as áreas de maior risco de infecções estafilocócicas graves são o berçário dos recém-nascidos, as unidades de cuidados intensivos, os blocos operatórios e as enfermarias de quimioterapia oncológica. A introdução maciça de *S aureus* patogénico "epidémico" nestas áreas pode levar a doenças clínicas graves. O pessoal com lesões activas de *S aureus* e os portadores podem ter de ser excluídos destas áreas (Brook, et al. 2011).

1.2.1.6. Resistência aos antibióticos

Desde o início da era da terapêutica antibiótica, com a introdução das primeiras penicilinas (B-lactâmicos) em 1940, as estirpes de *Staphylococcus aureus* que apresentam resistência aos antibióticos tornaram-se cada vez mais prevalecentes, tanto em contextos clínicos como comunitários. A principal destas estirpes é o chamado *S. aureus* resistente à meticilina (MRSA), que ganhou notoriedade mundial como "superbactérias" hospitalares. O nome MRSA desmente a verdadeira natureza destes organismos, uma vez que não só são resistentes à penicilina e às penicilinas resistentes à B-lactamase, como a meticilina, a oxacilina e a cefoxitina, como também são normalmente resistentes a um conjunto significativo de outros antibióticos. A resistência à penicilina foi registada em *S. aureus* no espaço de 5 anos após a sua introdução em 1943. No final da década de 1960, mais de 80% dos isolados de *S. aureus* tinham desenvolvido resistência à penicilina (Lowy, 2003).
Assim, a penicilina deixou de ser uma opção para o tratamento antimicrobiano das infecções por *S. aureus*. A base da terapêutica das doenças graves, como a bacteriemia por MSSA, a endocardite infecciosa e os focos metastáticos profundos, é a oxacilina ou a cloxacilina intravenosas. As infecções mais ligeiras por MSSA são normalmente tratadas com cefalosporinas orais, clindamicina, penicilinas antiestafilocócicas orais ou, por vezes, com fluoroquinolonas. As infecções cutâneas superficiais por MSSA podem ser curadas apenas com ácido fusídico aplicado localmente (Paul, et al., 2011).

Foi demonstrado que as bactérias originais resistentes à penicilina produziam uma B-lactamase extracelular induzível codificada por um blaZgene presente em transposões do tipo *Tn552* ou em restos destes. Estes elementos são normalmente transportados por plasmídeos com dimensões entre 15 e 40 quilobases (kb), que frequentemente transportam também genes de resistência a iões inorgânicos (metais pesados) e compostos organomercuriais. No entanto, a integração de plasmídeos e/ou *Tn552* também resulta em resistência à penicilina codificada cromossomicamente (Dyke & Gregory, 1997).

Análises posteriores revelaram que alguns plasmídeos de resistência às B-lactamases/metais pesados também transportam os transposões Tn4001 ou Tn551, que conferem resistência aos aminoglicosídeos através do gene aacA-aphD e aos antibióticos macrólidos/lincosamida/estreptogramina tipo B (MLS) através do gene ermB, respetivamente, e/ou um gene qacA ou qacB que medeia a multirresistência a anti-sépticos e desinfectantes. Além disso, a resistência ao ácido fusídico mediada pelo gene fusB está também associada a este grupo de plasmídeos multi-resistentes (Neill& Chopra, 2006).

No final de 1940 e início de 1950, foi demonstrado que a resistência a vários antibióticos diferentes que foram introduzidos, tais como a tetraciclina, o cloranfenicol, a estreptomicina, a neomicina/canamicina e o grupo LMS, se devia em grande parte a uma série de pequenos plasmídeos, com um tamanho de 3-5kb, que utilizam a replicação assimétrica em círculo rolante (RC) através de um intermediário de ADN de cadeia simples.Os plasmídeos RC normalmente transportam apenas um único determinante de resistência, embora existam exemplos de transporte de dois determinantes, mas raramente contêm elementos transponíveis.

PlasmídeosRC idênticos podem também ser encontrados noutros géneros de bactérias, fornecendo assim provas claras da sua transmissão horizontal. Alguns destes determinantes de resistência foram subsequentemente encontrados em plasmídeos multirresistentes de maiores dimensões como cópias co-integradas de plasmídeosRC.

A resistência à tetraciclina, à neomicina/canamicina, à estreptomicina e aos antibióticos do grupo MLS pode também ser codificada cromossomicamente; por exemplo, o transposão conjugativo Tn916-like Tn5801 medeia a resistência à tetraciclina e à minociclina através do gene tetA(M) (Ito, et al.2003).

A resistência a estes agentes, codificada cromossomicamente, está por vezes associada a plasmídeosRC integrados e/ou a elementos transponíveis localizados no interior de elementos cromossómicos estafilocócicos de cassete mec (SCCmec).

A resistência à gentamicina surgiu pela primeira vez em meados de 1970 e é mediada pelo gene aacA-aphD, que também confere resistência a outros aminoglicosídeos, como a canamicina e a tobramicina (Rouch, et al.1987). Este gene é codificado no transposão composto Tn4001, flanqueado por IS256, que se encontra em grandes plasmídeos estafilocócicos ou no cromossoma. Os grandes plasmídeos estafilocócicos podem ser classificados em duas classes principais, os plasmídeos de multirresistência e os plasmídeos de multirresistência conjugativos, sendo que os primeiros podem ainda ser divididos em plasmídeos de resistência a B-lactamases e metais pesados e na família pSK1. Estes grandes plasmídeos utilizam o modo teta de replicação, mediado, na maioria dos casos, por um sistema evolutivo comum de iniciação da replicação (Firth, et al.2000).

Os isolados de *S. aureus* com suscetibilidade reduzida aos glicopeptídeos Vancomicina, denominados VISA (*S. aureus* intermediário à vancomicina) e hVISA (VISA heterorresistente), foram identificados pela primeira vez em 1990. As estirpes hVISA são sensíveis à vancomicina aquando do teste inicial; contudo, a exposição à vancomicina resulta no aparecimento de subpopulações VISA. Esta resistência não se deve à aquisição de um determinante de resistência, mas parece ser uma resposta adaptativa à exposição subletal à vancomicina e está frequentemente associada ao espessamento da parede celular.As estirpes VISA/hVISA são difíceis de detetar devido aos baixos níveis de resistência; no entanto, são clinicamente relevantes, uma vez que podem estar associadas ao insucesso do tratamento com vancomicina. Além disso, parece existir uma associação entre a sensibilidade à vancomicina e à daptomicina (Howden, 2005).

Em 2002, foi isolada nos EUA a primeira estirpe de *S. aureus* resistente à vancomicina (VRSA) de alto nível. Esta resistência era mediada por um plasmídeo semelhante ao pSK41, pLW1043, que tinha adquirido o determinante vanAd enterocócico. Isto resultou da transposição do transposão de resistência ao glicopeptídeo VanA Tn1546 para uma cópia de IS257 dentro do plasmídeo pSK41- like pAM8 (Weigel, *et al*.2003). Um plasmídeo VanA conjugativo pAM8, de outra forma não relacionado, transportado por uma estirpe de *Enterococcus* faecalisinco-isolada com o VRSA, mediou provavelmente o evento de transferência intergenérica. Noutros casos de VRSA, todo um plasmídeo enterocócico do tipo *vanA* Inc 18 foi adquirido e mantido no recetor *S. aureus*.

As mutações cromossómicas também desempenharam um papel no aparecimento de resistências clinicamente importantes. O rápido aumento da resistência às fluoroquinolonas, como a ciprofloxacina, está principalmente associado a mutações que afectam os genes grlA/grlB, gyrA/gyrB e norA (Weigelet *al*.2003; Zhu et al.2008).

1.2.2. *Staphylococcus aureus* resistente à meticilina (MRSA)

O Staphylococcus aureus resistente à meticilina (MRSA) é qualquer estirpe de *Staphylococcus aureus* que tenha desenvolvido, através do processo de seleção natural, resistência aos antibióticos beta-lactâmicos, que incluem as penicilinas (meticilina, dicloxacilina, nafcilina, oxacilina, etc.) e as cefalosporinas. As estirpes incapazes de resistir a estes antibióticos são classificadas como *Staphylococcus aureus* sensível à meticilina, ou MSSA. O MRSA é uma bactéria responsável por várias infecções difíceis de tratar nos seres humanos. É também designada por *Staphylococcus aureus* multirresistente e *Staphylococcus aureus* resistente à oxacilina (ORSA). Além disso, a resistência à meticilina e a todos os outros antibióticos B-lactâmicos desenvolveu-se devido à aquisição do gene *mecA* (Deurenberg& Stobberingh2008;Feng et al.2012).

1.2.2.1. Mecanismos de resistência aos antibióticos |Mactam

A resistência às penicilinas resistentes às B-lactamases, como a meticilina, surgiu em meados da década de 1960 e está associada ao gene *mecA*. A presença do gene mecA é um requisito absoluto para que *S. aureus* expresse resistência à meticilina. O gene mec está ausente nas estirpes susceptíveis e presente em todas as estirpes resistentes. O componente estrutural do gene mecA codifica a proteína de ligação à penicilina 2a (PBP2A) que estabelece a resistência à meticilina e a outros beta-lactâmicos semisintéticos resistentes à penicilinase (Inglis, et al. 1988).

Os isolados de MRSA são portadores de uma ilha cromossómica de 20-70kb denominada SCCmec, que contém o gene mecA, dois loci reguladores associados, mecI e mecR1, e genes de recombinase ccr envolvidos na integração e excisão específicas do local. As ilhas SCCmec são um tipo de elemento genético móvel e as provas actuais indicam que as principais linhagens epidémicas de MRSA surgiram através de múltiplos eventos independentes de aquisição de SCCmec (Ito, et al.2003).

O gene MecA codifica uma proteína adicional de ligação à penicilina (PBP2a) de 78 quilodalton (kDa). As PBPs são transpeptidases que catalisam a formação de pontes cruzadas no peptidoglicano da parede celular bacteriana. No *S. aureus* sensível à meticilina (MSSA), os antibióticos beta-lactâmicos ligam-se às PBP nativas da parede celular, interrompendo a síntese da camada de peptidoglicano e resultando na morte da bactéria. Uma vez que a PBP2a tem uma baixa afinidade para todos os antibióticos beta-lactâmicos, a síntese da camada de peptidoglicano não é interrompida e o MRSA pode continuar a crescer normalmente (Berger-Bachi,& Rohrer 2002).

O *gene mecA* é regulado pelo repressor *MecI e* pelo transdutor de sinal trans-membranar MecR1 sensível aos beta-lactâmicos. Na ausência de antibióticos B-lactâmicos, *MecI* reprime a transcrição de *mecA* e *mecR1-mecI*. Na presença de antibióticos B-lactâmicos, *mecR1* é autocataliticamente clivado e o domínio da metaloprotease de *MecR1* torna-se ativo. Esta metaloprotease cliva *MecI*, permitindo a transcrição de *mecA e* a subsequente produção de PBP2a (Berger-Bachi, & Rohrer 2002; Ito et al. 2003).

O elemento caraterístico da resistência à meticilina é a natureza heterogénea, uma vez que o nível de resistência varia em diferentes condições de cultura e ambientes antimicrobianos (Chambers, 1997). A maioria dos isolados clínicos apresenta um padrão heterogéneo em condições de crescimento padrão. As estirpes heterogéneas também podem apresentar um padrão de resistência homogéneo em condições de cultura específicas, por exemplo, em meio de cultura hipertónico suplementado com NaCl. Sob pressão antibiótica, a subpopulação altamente resistente pode ser selecionada, resultando numa população homogénea de estirpes altamente resistentes e num potencial fracasso do tratamento.

As estirpes resistentes à meticilina de baixo nível ou limítrofes são caracterizadas por CMIs de meticilina no ponto de rutura da suscetibilidade ou ligeiramente acima deste (por exemplo, CMIs de oxacilina de 4 a 8 mg/L). A resistência limítrofe à meticilina pode também dever-se a outros mecanismos que não a produção de PBP2a (Chambers, 1997).

Sabe-se que as estirpes com resistência limítrofe não mediada por mecA produzem quantidades excessivas de beta-lactamase que hidrolisam a oxacilina (McDougal & Thornsberry, 1986), podendo tornar-se totalmente susceptíveis à oxacilina na presença de inibidores da beta-lactamase. As estirpes não mediadas por mecA caracterizam-se pela ausência de clones altamente resistentes (Chambers, 1997).

O fenótipo pode também ser causado por outros mecanismos, tais como a produção de meticilinase mediada por plasmídeos ou diferentes modificações nos genes PBP (Nadarajah, et al., 2006).*O S. aureus* resistente à oxacilina limítrofe tem sido infrequentemente designado por BORSA (Jorgensen, 1991; Liu & Lewis, 1992).

1.2.2.2. História do MRSA

Os primeiros isolados de *S. aureus* resistentes à penicilina foram observados em 1942, dois anos após a introdução da penicilina para uso médico. Em 1959, a meticilina foi autorizada em Inglaterra para tratar infecções por *S. aureus* resistentes à penicilina. Tal como a evolução bacteriana tinha permitido que os micróbios desenvolvessem resistência à penicilina, as estirpes de *S. aureus* evoluíram para se tornarem resistentes à meticilina. De acordo com o relatório do Chicago Medical Center, de 2010, os primeiros isolados de MRSA foram registados num estudo britânico em 1961 e, entre 1961 e 1967, registaram-se surtos hospitalares pouco frequentes na Europa Ocidental e na Austrália.

Entre 1968 e meados da década de 1990, a percentagem de infecções por *S. aureus* causadas por MRSA aumentou de forma constante e o MRSA foi reconhecido como um agente patogénico endémico. Por exemplo, em 1974, 2% das infecções hospitalares por *S. aureus* nos EUA podiam ser atribuídas a MRSA. A taxa aumentou para 22% em 1995 e, em 1997, a percentagem de infecções hospitalares por *S. aureus* atribuíveis a MRSA atingiu 50% (CDC, 2011a).

Os primeiros casos de MRSA adquirido na comunidade (CA) foram registados durante as décadas de 1980 e 1990, incluindo surtos entre populações aborígenes australianas que nunca tinham sido expostas a hospitais. Em meados da década de 1990, houve relatos dispersos de surtos de MRSA-CA entre crianças dos EUA. Enquanto as taxas de HA-MRSA estabilizaram entre 1998 e 2008, as taxas de CA-MRSA continuaram a aumentar. Em 2004, o MRSA era responsável por 64% das infecções hospitalares por *S. aureus* nos Estados Unidos. O aumento da mortalidade observado entre os doentes infectados por MRSA pode ser o resultado do aumento da morbilidade subjacente destes doentes. A bacteriémia por MRSA tem uma mortalidade atribuível mais elevada do que a bacteriémia por *S. aureus* suscetível à meticilina (MSSA) (UK Office for National Statistics Online, 2007).

1.2.2.3. Epidemiologia

Os clones de MRSA espalharam-se por todo o mundo, atingindo um estado endémico na maioria dos países desenvolvidos. Não se sabe se este facto se deve à diferenciação de apenas um clone específico ou à introdução de SCCmecA em inúmeros clones (Moellering, 2012). Até há pouco tempo, os clones de MRSA eram principalmente de origem hospitalar ou associada a cuidados de saúde (AS). As infecções por MRSA em pessoas sem história prévia de contacto com cuidados de saúde foram comunicadas pela primeira vez no início da década de 1990 na Austrália, no final da década de 1990 nos EUA e no início da década de 2000 na Europa (Chambers & DeLeo, 2009; Otter e French, 2010).

Devido à ausência de consenso sobre a definição e a nomenclatura destes tipos de MRSA recentemente recuperados, diferentes autores utilizaram classificações diferentes. Inicialmente, as estirpes foram designadas MRSA adquirido na comunidade, mas atualmente o termo mais comum utilizado é MRSA associado à comunidade (CA), para manifestar a ambiguidade quanto ao facto de a estirpe ter sido adquirida na comunidade ou no hospital. De facto, as estirpes HA-MRSA e CA-MRSA não podem ser diferenciadas de forma fiável apenas com base em dados epidemiológicos, o que indica a necessidade de uma definição genotípica. Nos últimos anos, o MRSA foi também isolado de animais de criação (MRSA associado a animais de criação, LA-MRSA) (Voss, et al., 2005; Van Cleef, etal., 2011).

Atualmente, a pandemia de MRSA inclui a disseminação de clones de HA-MRSA da década de 1960, clones de CA-MRSA da década de 1990 e clones de LA-MRSA da década de 2000 (Chambers & DeLeo, 2009; van Cleef, et al., 2011; Stefani, et al., 2012).

1.2.2.3.1. Métodos de tipagem epidemiológica

Nas últimas décadas, foram desenvolvidos vários métodos laboratoriais para monitorizar a epidemiologia do MRSA (Struelens, et al., 2009). Até à data, nenhum método de tipagem único forneceu informações suficientes para a discriminação necessária, por exemplo, em investigações de surtos de MRSA e programas de vigilância. Os métodos de tipagem mais comuns e as suas caraterísticas são os seguintes
1) A espatometria utiliza o polimorfismo na região variável do gene que codifica a proteína A (*Spa*) de Staphylococcus *aureus*. A técnica tem uma capacidade de alto rendimento e uma nomenclatura padronizada. O poder discriminatório da Spatyping em regiões com um pequeno número de clones epidémicos pode ser insuficiente (Struelens, et al., 2009).

2) A eletroforese em gel de campo pulsado (PFGE) de ADN fragmentado de *S. aureus*, introduzida em 1984, é um método amplamente utilizado em epidemias locais de MRSA. A principal desvantagem da PFGE reside na interpretação subjectiva dos padrões de fragmentação, e a comparação dos resultados de diferentes laboratórios tem-se revelado difícil. A PFGE é também tecnicamente difícil (Struelens, et al., 2009).

3) A tipagem de sequências multilocus (MLST) baseia-se na sequenciação de 7 genes de manutenção no genoma de *S. aureus*. É altamente improvável que 2 isolados não relacionados tenham perfis alélicos idênticos em todos os 7 loci por acaso (Enright, et al., 2000). É atribuído um número de tipo de sequência (ST) aos isolados que são idênticos por MLST e os ST estreitamente relacionados são agrupados em clusters clonais (CC). Ao contrário do que acontece com o PFGE, as variações acumulam-se de forma relativamente lenta nos genes de manutenção sequenciados no MLST. Os isolados com o mesmo perfil MLST podem ser descendentes de um antepassado comum que existiu há anos (Enright, et al., 2000). Os principais pontos fracos do MLST são o baixo rendimento e o elevado custo por análise.

4) A análise de repetições em tandem de número variável multilocus (MLVA) é um método de alto rendimento cada vez mais utilizado em vez do PFGE (Struelens, et al., 2009). Não existe uma nomenclatura padronizada e são atualmente utilizados vários esquemas. A MLVA parece ter um poder discriminatório mais elevado do que a PFGE

ou a Spasequencing (Stefani, et al.,2012).

5) A sequenciação do *SCCmec* é também utilizada na tipagem epidemiológica (Deurenberg, etal. 2005). Atualmente, estão identificados 5 tipos principais (I-V). É necessário harmonizar os vários esquemas de tipagem do SCCmec, embora a nomenclatura esteja definida. A baixa capacidade de produção é também uma dificuldade.

1.2.2.3.2. Factores de risco

Existem vários factores que predispõem um doente para a colonização com MRSA que correspondem aos que tornam um doente em risco de colonização nosocomial com MSSA. Estes factores estão relacionados com a associação de MRSA:

1.2.2.3.2.1. HA-MRSFactores de risco

Os doentes submetidos a procedimentos cirúrgicos extensos ou que são tratados em unidades de queimados, de cuidados intensivos ou de trauma são susceptíveis de serem colonizados por HA-MRSA. Do mesmo modo, os doentes com material estranho implantado e os doentes com doenças imunocomprometidas têm um risco acrescido de contrair MRSA. A pele danificada (por exemplo, feridas, eczema) e a inserção de cateteres intravasculares aumentam ainda mais o risco de colonização (Coia, et al., 2006).As narinas anteriores podem ser colonizadas por MRSA de forma persistente ou intermitente, enquanto o transporte noutros locais normais do corpo é geralmente menos frequente e persistente (Sanford, et al., 1994). A colonização da garganta pode ser um marcador de transporte persistente (Coia, et al., 2006).
A transmissão de HA-MRSA ocorre mais frequentemente através das mãos de trabalhadores hospitalares de doentes colonizados ou infectados por MRSA para outros doentes. Além disso, é possível a transmissão direta de HA-MRSA de doente para doente. Os doentes também podem contrair MRSA a partir de ambientes inanimados contaminados ou, por vezes, através de disseminação aérea a partir de grandes dispersões de MRSA (Solberg, 2000).
As estirpes de HA-MRSA são quase sempre adquiridas durante o contacto com os cuidados de saúde, mas o início da infeção pode ocorrer no hospital ou na comunidade. A variedade e a apresentação clínica das infecções causadas por HA-MRSA correspondem às causadas por MSSAdurante o internamento hospitalar. Estas infecções incluem, por exemplo, feridas e outras infecções da pele e dos tecidos moles, bacteriemia e endocardite, pneumonia, infecções dos ossos e das articulações, infecções associadas a dispositivos protésicos e infecções do sistema nervoso central (Liu, etal., 2011).
A doença grave por MRSA está associada a uma elevada morbilidade, tendo sido comunicadas taxas de mortalidade entre 30% e 37% em doentes com endocardite por MRSA. A elevada mortalidade pode dever-se, pelo menos em parte, a um atraso no início de uma terapêutica antimicrobiana eficaz (Fowler et al., 2005; Miro, et al., 2005).

1.2.2.3.2.2. CA-MRSA Factores de risco

Inicialmente, os MRSA-CA foram considerados estirpes de MRSA que causam infeção em indivíduos jovens previamente saudáveis, sem factores de risco identificados para a aquisição de MRSA. Uma definição epidemiológica de MRSA-CA proposta pelo CDC é a seguinte O MRSA tem de ser identificado em ambulatório ou menos de 48 horas após a admissão hospitalar num indivíduo sem antecedentes médicos de infeção ou colonização por MRSA, admissão num estabelecimento de saúde, diálise, cirurgia ou inserção de dispositivos internos no último ano (Miller, et al., 2007).
Os primeiros dados também indicavam que estas estirpes eram susceptíveis à maioria dos agentes antimicrobianos não beta-lactâmicos e eram portadoras de genes que codificavam a PVL (Chambers & DeLeo, 2009).

A ausência de factores de risco convencionais para MRSA em doentes colonizados com CA-MRSAsugere que algumas destas estirpes podem disseminar-se mais facilmente do que as estirpes habituais de HAMRSA. Como todas as estirpes de *S. aureus*, o CA-MRSA é transmitido por contacto direto com indivíduos infectados ou colonizados, ou através de um ambiente contaminado por MRSA (DeLeo, et al., 2010). O CA-MRSA pode ser adquirido através de actividades em que o contacto direto com o corpo é comum. O CDC propôs 5 factores (ou 5 Cs) associados à transmissão de MRSA-CO, ou seja, aglomeração, contacto frequente pele a pele, integridade da pele comprometida, artigos e superfícies contaminados e falta de limpeza. Estes factores são comuns em populações com maior número de infecções ou colonizações causadas por CA-MRSA (DeLeo, et al., 2010). Lutadores, jogadores de futebol, reclusos, soldados, crianças em creches, etc., foram identificados como grupos de alto risco para CA-MRSA (Liu, et al., 2008).

O quadro clínico causado por CA-MRSA difere do causado por HA-MRSA em muitos aspectos. Em contraste com outras estirpes de *S. aureus*, a maioria dos CA-MRSA nos EUA transporta genes que codificam a PVL (Diep, et al., 2004), embora a PVL não esteja presente em todas as estirpes de CA-MRSA. Sabe-se que a PVL tem como alvo e lesa as membranas dos leucócitos polimorfonucleares. As estirpes de CA-MRSA que produzem PVL estão associadas à necrose dos tecidos e à formação de abcessos e, no entanto, os estudos em animais sobre o significado clínico da PVL como fator de virulência produziram resultados contraditórios (Lowy, 2011).

As infecções da pele e dos tecidos moles prevalecem entre as síndromes clínicas causadas pelo CAMRSA, variando do impetigo à fasceíte necrotizante grave.
As lesões mais comuns são os abcessos e a celulite (Miller, et al., 2007).
O CA-MRSA é também uma causa assustadora de pneumonia. A pneumonia por CA-MRSA está associada a uma doença semelhante à gripe, afecta frequentemente indivíduos jovens e previamente saudáveis e, muitas vezes, segue um curso violento que conduz a uma abundância de complicações e a elevadas taxas de mortalidade (Rubinstein, et al., 2008).
A PVL tem sido considerada um fator de virulência em associação com pneumonia necrotizante grave. Com base na capacidade do CA-MRSA de causar infecções em

indivíduos saudáveis e de conduzir a uma doença invulgarmente grave, especulou-se que as estirpes de CA-MRSA podem ter uma maior virulência e capacidade de escapar às defesas do hospedeiro do que as estirpes habituais de HA-MRSA (DeLeo, et al., 2010).

Este pressuposto é apoiado pelo aumento da virulência do MRSA CA-epidémico em comparação com o MRSA HA em modelos de infecções animais (Li, et al., 2007).

Mesmo que o CA-MRSA produza uma doença formidável em alguns dos doentes, a maioria dos casos de CA-MRSA não apresenta risco de vida.Em comparação com o HA-MRSA, muitas das estirpes de CA-MRSA têm sido menos frequentemente multirresistentes (MDR), ou seja, resistentes a mais de 3 grupos antimicrobianos diferentes (Chambers & DeLeo, 2009; Otter & French, 2010). É importante diferenciar entre CA-MRSA e HA-MRSA a fim de proporcionar um tratamento clínico e medidas de controlo de infecções ideais, bem como para monitorizar de forma fiável a situação epidemiológica do MRSA a nível mundial. Nos últimos anos, aumentaram os conhecimentos sobre como fazer uma distinção entre CA-MRSA e HA-MRSA. Para a classificação, os dados epidemiológicos são valiosos, mas podem produzir resultados confusos quando utilizados isoladamente (Otter & French, 2012).

Por exemplo, uma infeção por MRSA que se manifesta num contexto comunitário pode ser causada por uma estirpe de MRSA adquirida num internamento hospitalar anterior, mas ser falsamente identificada como CA-MRSA com base em informações epidemiológicas.

A título de exemplo, a maioria das bacteremias diagnosticadas na admissão hospitalar e, por conseguinte, classificadas como infecções por CA-MRSA, foram causadas por HA-MRSA provenientes de um contacto anterior com os cuidados de saúde (Miller, et al., 2008).

Por outro lado, as infecções por MRSA que se desenvolvem durante o internamento hospitalar podem ser causadas por MRSA adquirido na comunidade.A classificação epidemiológica era mais útil no passado do que atualmente. Embora o MRSA-HA continue a ser raramente transmitido fora dos hospitais, os clones de MRSA-CA começaram a propagar-se nos hospitais. O transporte de PVL e a suscetibilidade a agentes antimicrobianos não beta-lactâmicos podem ser marcadores úteis de MRSA-CA, mas não podem ser utilizados para a designação (Otter & French, 2012).

As estirpes CA-MRSA são normalmente tipos comunitários comuns de MSSA que adquiriram mecA de novo. Por conseguinte, foi sugerido por

Otter e French (Otter & French, 2012) afirmam que, atualmente, a melhor forma de definir estirpes CAMRSA pode ser combinar um método de genotipagem (p. ex., MLST, *spa* ou PFGE) com a análise de SCCmec para concluir a origem provável de uma estirpe de MRSA. Não é complicado obter uma definição genotípica nos EUA, onde, por exemplo, o USA300 é predominante entre os CA-MRSA, ao passo que desenvolver uma classificação genotípica é muito mais difícil na Europa ou na Austrália, onde os CA-MRSA são genotipicamente heterogéneos (Otter & French, 2012).

As estirpes HA-MRSA e CA-MRSA têm várias caraterísticas distintas. Em primeiro lugar, as análises genómicas mostraram que os elementos cromossómicos para a resistência à meticilina em estirpes associadas à comunidade são os tipos IV ou V de cassete cromossómica mec (SCCmec), que são mais pequenos e mais móveis do que os tipicamente encontrados em HA-MRSA (SCCmec tipos I-III) (David & Daum, 2010; Cameron et al., 2011).

Os elementos genéticos maiores nas estirpes associadas aos cuidados de saúde estão associados a uma menor aptidão bacteriana, bem como a uma menor produção de toxinas (Collins et al., 2010). Em segundo lugar, a toxina PVL é mais comum em CA-MRSA do que em MSSA. Em terceiro lugar, há um aumento da expressão de certos determinantes de virulência em

CA-MRSA que podem contribuir para uma doença mais grave, como as modulinas fenolsolúveis (PSMs) (Wang et al.,2007). Finalmente, embora todas as estirpes de *S. aureus* tenham propensão para formar biofilmes, os dados emergentes sugerem diferenças na matriz do biofilme em CA-MRSA em comparação com outras estirpes, em particular a linhagem USA300 (Kiedrowski *et al.*, 2011).

1.2.2.3.2.3. LA-MRSA Factores de risco

Associação Pecuária O LA-MRSA foi associado a doenças humanas em 2003, quando um clone de MRSA presente num reservatório de suínos e bovinos foi isolado de um ser humano (Huijsdens, et al., 2006).
A estirpe ST398 de MRSA foi reconhecida em 2004 em suínos e suinicultores saudáveis nos Países Baixos, e a disseminação clonal entre o homem e os suínos foi claramente demonstrada por métodos de tipagem epidemiológica (Huijsdens, et al., 2006). Consequentemente, a exposição ocupacional a animais foi reconhecida como um novo fator que predispõe à colonização por MRSA (van Loo, et al., 2007).
O LA-MRSA foi isolado principalmente de suínos e, em menor grau, de bovinos e aves de capoeira (Verheggheet al,2012).
Embora o LA-MRSA seja um agente causador de infecções pouco frequente, é necessário estar atento a estirpes animais emergentes de MRSA e à sua potencial associação com infecções humanas. O MRSA ST398, habitualmente associado à colonização e a infecções de suínos e outros animais de criação, foi isolado de amostras humanas em vários países (van Cleef, et al., 2011).
É de notar que a proporção de MRSAST398 isolado do sangue tem sido significativamente mais baixa do que a de outros MRSA, o que sugere a ausência de doença grave. No entanto, nos últimos anos, o MRSA ST398 tem sido alegadamente a causa de infecções graves entre os suinicultores (Lowy, 2011; Verhegghe *et al*, 2012).

1.2.2.4. Transmissão de MRSA nas UCI

O Staphylococcus aureus resistente à meticilina (MRSA) é uma das principais causas de infeção associada aos cuidados de saúde. As infecções causadas por estas bactérias são normalmente precedidas de colonização das membranas mucosas, da pele, de feridas ou do trato gastrointestinal. A colonização ocorre por meio da transmissão indireta de MRSA de doente para doente através das mãos dos prestadores de cuidados de saúde e através de fómites e superfícies ambientais contaminadas (Hardy, 2006) ou, menos frequentemente, por transmissão direta de prestadores de cuidados de saúde colonizados (Albrich & Harbarth, 2008).

As intervenções padrão para prevenir a transmissão de MRSA nas unidades de cuidados de saúde incluem a higiene das mãos, a utilização de precauções de barreira (luvas e batas) nos cuidados a doentes colonizados e infectados, a utilização de instrumentos e equipamento específicos para esses doentes e a colocação de doentes colonizados ou infectados em quartos individuais ou com várias camas ou em áreas reservadas a esses doentes (Muto, 2003).

As intervenções adicionais, incluindo a vigilância ativa e o rastreio para identificar doentes assintomáticos colonizados que possam servir de reservatórios não detectados de MRSA e os tratamentos antimicrobianos tópicos, são apoiadas por estudos ecológicos, observacionais e quase experimentais e por modelos matemáticos (Huang, 2007). A vigilância ativa baseada na cultura para o MRSA e a utilização alargada de precauções de barreira reduziriam a incidência de colonização ou infeção por MRSA nas unidades de cuidados intensivos (Huskins, et al. 2011).

1.2.2.5. As populações em risco:

1.2.2.5.1. Doentes hospitalares

Muitas infecções por MRSA ocorrem em hospitais e instalações de cuidados de saúde, com uma taxa de incidência mais elevada em lares de idosos ou instalações de cuidados prolongados. Quando as infecções ocorrem desta forma, são conhecidas como MRSA adquirido nos cuidados de saúde ou MRSA adquirido no hospital. Estas taxas de infeção por MRSA também aumentam nos doentes hospitalizados que são tratados. A transferência de prestador de cuidados de saúde para doente é comum, especialmente quando os prestadores de cuidados de saúde passam de doente para doente sem efectuarem as técnicas necessárias de lavagem das mãos entre doentes (Tacconelli et al., 2008).

1.2.2.5.2. Recrutas militares, sem-abrigo e reclusos de prisões

As casernas militares, as prisões e os abrigos para os sem-abrigo podem estar lotados e confinados, e as más práticas de higiene podem proliferar, colocando assim os habitantes em maior risco de contrair MRSA. Os casos de MRSA nestas populações foram comunicados pela primeira vez nos Estados Unidos e depois no Canadá, tendo surgido nos meios de comunicação social centenas de relatos de surtos de MRSA nas prisões entre 2000 e 2008 (David & Daum, 2010).

1.2.2.5.3. Pessoas em contacto com animais vivos destinados à produção de alimentos

Os casos de MRSA têm aumentado nos animais de criação. O CC398 é uma nova variante de MRSA que surgiu em animais e se encontra em animais de produção criados intensivamente (principalmente suínos, mas também bovinos e aves de capoeira), onde pode ser transmitido aos seres humanos. Embora perigoso para os seres humanos, o CC398 é frequentemente assintomático em animais destinados à produção de alimentos. Um estudo de 2011 indicou que 47% da carne e das aves vendidas em mercearias norte-americanas inquiridas estavam contaminadas com S. aureus e, dessas, 52% - ou 24,4% do total - eram resistentes a pelo menos três classes de antibióticos. Algumas amostras de produtos à base de carne vendidos comercialmente no Japão também abrigavam estirpes de MRSA (Ogata et al., 2012).

1.2.2.5.4. Atletas

Vários relatórios nos Estados Unidos demonstraram taxas mais elevadas de colonização e infeção por MRSA através do contacto com a pele em balneários e ginásios, mesmo entre populações saudáveis. A taxa de infeção entre os jogadores de futebol americano era 16 vezes superior à média nacional (Kazakova, et al., 2005).

1.2.2.5.5. Crianças

O MRSA está também a tornar-se um problema em ambientes pediátricos, incluindo os infantários dos hospitais. O MRSA está a tornar-se uma grande preocupação para a saúde das crianças, porque é mais provável que apresentem pequenos arranhões, cortes, nódoas negras e picadas de insectos do que os adultos. Tanto as crianças como os adultos correm um maior risco de contrair MRSA se entrarem em contacto com creches, parques infantis, balneários, acampamentos, dormitórios, salas de aula e outros ambientes escolares, bem como ginásios e instalações de treino. Os pais devem ter especial cuidado com as crianças que participam em actividades em que há partilha de equipamento desportivo, como capacetes e uniformes de futebol (Bratu, et al., 2005).

De acordo com o CDC (2012) e os estudos de Lipsky et al. (2010); Tacconelli et al. (2008); David & Daum (2010), as populações em risco de contrair MRSA podem ser resumidas em

- Pessoas com sistemas imunitários fracos (doentes com VIH/SIDA, lúpus ou cancro; receptores de transplantes, asmáticos graves, etc.)
- Diabéticos.
- Utilizadores de drogas intravenosas.
- Pessoas que permanecem ou trabalham num estabelecimento de saúde durante um período de tempo prolongado.
- Utilizadores de antibióticos do grupo das quinolonas.
- Crianças pequenas e idosos.
- Pessoas que passam tempo em águas costeiras onde o MRSA está presente, como em algumas praias.
- Pessoas que passam tempo em espaços confinados com outras pessoas, incluindo ocupantes de abrigos para sem-abrigo e centros de aquecimento, reclusos de prisões, recrutas militares em treino básico e indivíduos que passam tempo considerável em vestiários ou ginásios.

- Sub-atendidos urbanos.

- Populações indígenas, incluindo os nativos americanos, os nativos do Alasca e os aborígenes australianos.

- Veterinários, tratadores de gado e proprietários de animais de companhia.

- Estudantes universitários que vivem em dormitórios.

1.2.2.6. Prevalência global de MRSA

Como a medição e a comunicação variam, é difícil comparar as taxas de MRSA em diferentes países. Numa comparação internacional, de acordo com o estudo de Stefani, et al. (2012), a prevalência de HA-MRSA em todo o mundo é a seguinte: as taxas mais elevadas (> 50%) de HA-MRSA como proporção de todas as infecções por *S. aureus* são registadas na Ásia, na América do Norte e do Sul e em Malta; taxas intermédias de 25-50% são registadas na Austrália, China, África, Portugal, Grécia, Itália, Hungria, Espanha, Irlanda, Roménia e Reino Unido. Os Países Baixos e os países do Norte da Europa destacam-se pelas suas baixas taxas de < 5%, enquanto a prevalência no resto da Europa é atualmente de 5-25%. A proporção de infecções por HAMRSA diminuiu significativamente nos últimos anos na Áustria, em França, na Irlanda e no Reino Unido, tendo-se mantido estável noutros países europeus.

Além disso, outros estudos demonstraram a prevalência de MRSA em diferentes países, como em França, com 14,5% (Lamy et al., 2012), nos Países Baixos, com 3,1% (Wassenberg et al., 2012), e na Europa Ocidental, a percentagem de MRSA entre os isolados clínicos de *S. aureus* variou entre 5% e 54%, mas foi limitada pelas diferentes metodologias utilizadas em vários estudos (Dulon et al., 2011). Também Khadri & Alzohairy (2010) salientaram que os isolados de MRSA constituíam 54,2% de todos os isolados de *S. aureus* na Índia.

No Iraque, de acordo com um estudo recente de Al-zaidi & Al-sulami (2013), a prevalência de HA-MRSA foi de 65,6% entre os doentes e o ambiente das enfermarias cirúrgicas. Por sua vez, Al-Fuady, et al. (2010) verificaram que 32,3% dos isolados clínicos de *S. aureus* eram MRSA.

1.2.2.7. Infecções por MRSA

stAs infecções por MRSA continuam a ser uma ameaça significativa para a saúde humana na segunda década do século XXI. As estirpes de HA-MRSA causam síndromes clínicas distintas e afectam diferentes populações de doentes. O HA-MRSA tem sido mais frequentemente associado a bacteriemia, pneumonia e outras infecções invasivas em doentes expostos a ambientes de cuidados de saúde, que frequentemente têm doenças co-mórbidas. As manifestações mais graves podem incluir epiomiosite (Burdette et al., 2012), pneumonia necrosante (Kreienbuehl et al., 2011), sépsis (Bassetti *et al.*, 2011), fasceíte necrosante (Changchien et al., 2011) e osteomielite

(Kechrid et al., 2011).

Em contrapartida, as estirpes CA-MRSA continuam a ser a causa mais comum de infecções invasivas *por S. aureus* em doentes sem factores de risco de exposição a cuidados de saúde. Ocorreram surtos de CA-MRSA numa vasta gama de grupos, incluindo soldados (Ellis et al., 2009), jogadores de futebol profissional (Kazakova et al., 2005) e populações encarceradas (Malcolm, 2011). A falta de higiene pessoal e o contacto corporal próximo foram os catalisadores prováveis das infecções nestes grupos (Turabelidze et al., 2006). As infecções por CA-MRSA também se tornaram comuns entre as crianças, as populações urbanas desfavorecidas e os doentes dos serviços de urgência com IST, entre outros (David & Daum, 2010).

A distinção entre HA-MRSA e CA-MRSA tornou-se pouco clara do ponto de vista epidemiológico e clínico. O CDC definiu uma infeção por MRSA-CO como qualquer infeção por MRSA diagnosticada num doente em ambulatório ou nas 48 horas seguintes à hospitalização, se o doente não tiver os seguintes factores de risco de HAMRSA: hemodiálise, cirurgia e residência num centro de cuidados continuados ou hospitalização no ano anterior ou a presença de um cateter de demora no momento da cultura (Morrisonet al., 2006).

Outros critérios que têm sido utilizados para diferenciar entre estirpes HA-MRSA e CA-MRSA incluem padrões de fragmentos de ADN em eletroforese de campo pulsado, tipagem do gene da proteína A (spa), diferenças nos padrões de suscetibilidade aos antibióticos, tipagem de sequências multilocus, tipo de SCCmecelement transportado e o transporte de genes PVL (David & Daum, 2010).

A associação entre estirpes de MRSA associadas ao gado e a aquisição humana é uma área de investigação emergente. Um relatório recente da Alemanha revelou que 24% dos agricultores com exposição profissional a aves de capoeira e suínos foram colonizados com a estirpe animal de MRSA ST398. Embora as infecções humanas por estirpes animais de MRSA sejam raras, pouco se sabe atualmente sobre os factores de virulência dessas estirpes e os mecanismos de transmissão dos animais para os seres humanos (Bisdorff, et al., 2011).

1.2.2.8. Estirpes de MRSA
A aquisição de SCCmec em *Staphylococcus aureus* sensível à meticilina (MSSA) dá origem a várias linhagens de MRSA geneticamente diferentes. As variações destas linhagens genéticas nas diferentes estirpes de MRSA explicam possivelmente a variabilidade da virulência e das infecções associadas ao MRSA (Gordon & Lowy 2008).
A primeira estirpe de MRSA, ST250 MRSA-1, teve origem na integração de SCCmec e ST250-MSSA. Historicamente, os principais clones de MRSA: ST2470- MRSA-I, ST239-MRSA-III, ST5-MRSA-II e ST5-MRSA-IV foram responsáveis por causar

infecções hospitalares por MRSA (HA-MRSA). O ST239-MRSA-III, conhecido como o clone brasileiro, era altamente transmissível em comparação com os outros e distribuído na Argentina, República Checa e Portugal (Gordon & Lowy 2008).

As estirpes mais comuns de MRSA no Reino Unido são EMRSA15 e EMRSA16 (Johnson, et al 2001). Verificou-se que a estirpe EMRSA16 é idêntica à estirpeST36:USA200, que circula nos Estados Unidos, e que possui os genes SCCmec tipo II, enterotoxina A e toxina 1 do síndroma do choque tóxico (Diep, et al. 2006). De acordo com o novo sistema internacional de tipagem, esta estirpe é agora designada MRSA252. A EMRSA 15 é também uma das estirpes de MRSA mais comuns na Ásia. Outras estirpes comuns incluem ST5:USA100 e EMRSA 1 e estas estirpes são caraterísticas genéticas de HA-MRSA (Calfee, 2011; Stefani, et al. 2012).

As estirpes de MRSA CA-MRSA adquiridas na comunidade surgiram no final de 1990 a 2000, infectando pessoas saudáveis, que não estiveram em contacto com instalações de cuidados de saúde, e os investigadores sugerem que o CA-MRSA não evoluiu a partir do HA-MRSA (Calfee, 2011). Este facto é ainda comprovado pela tipagem molecular das estirpes de CA-MRSA (Daum, 2007) e pela comparação do genoma entre CA-MRSA e HA-MRSA, que indicam que as novas estirpes de MRSA integraram separadamente o SCCmec no MSSA e, em meados de 2000, o CA-MRSA foi introduzido nos sistemas de cuidados de saúde e a distinção entre CA-MRSA e HA-MRSA tornou-se um processo difícil. Mas o CA-MRSA é mais facilmente tratado e mais virulento do que o HA-MRSA. Para além disso, os genes da leucocidina de Panton-Valentine (PVL) são uma caraterística única do CA-MRSA (Gordon & Lowy 2008; Calfee, 2011).

Nos Estados Unidos, a maioria dos casos de CA-MRSA é causada por uma estirpe do Complexo Clonal 8 (CC8) designada ST8:USA300, que transporta SCCmec tipo IV, leucocidina Panton-Valentine, PSM-alfa e enterotoxinas Q e K (Diep, et al. 2006) e ST1:USA400 (Wang, et al.2007). A estirpe ST8:USA300 provoca infecções cutâneas, fasceíte necrotizante e síndrome do choque tóxico. Por outro lado, a estirpe T1:USA400 resulta em pneumonia necrosante e sépsis pulmonar (Gordon & Lowy 2008).

Outras estirpes de MRSA adquiridas na comunidade são a ST8:USA500 e a ST59:USA1000. Em junho de 2011, foi anunciada a descoberta de uma nova estirpe de MRSA por duas equipas distintas de investigadores no Reino Unido. A sua composição genética era alegadamente mais semelhante às estirpes encontradas em animais e os kits de teste concebidos para detetar MRSA não foram capazes de a identificar (Ahlstrom, 2011). Esta estirpe de MRSA, CC398, é responsável por infecções por MRSA LA-MRS associadas a animais (Stefani, et al. 2012).

1.2.2.9. Tratamento do MRSA

As manchas de MRSA são resistentes a todos os antibióticos beta-lactâmicos; por conseguinte, a sua utilização no tratamento de infecções por MRSA não é eficaz. As estirpes de MRSA têm habitualmente MDR a alguns antibióticos não beta-lactâmicos. Por conseguinte, a resistência emergente e a diminuição da suscetibilidade do MRSA aos antibióticos têm sido uma grande preocupação. Existem vários antibióticos que são utilizados no tratamento do MRSA, tais como Linezolida, Vancomicina, Teicoplanina, Tigeciclina, Daptomicina, Clindamicina, Tetraciclinas, Ácido fucídico, Rifampicina, Trimetoprim, entre outros (Liu, et al., 2011; Ager & Gould, 2012).
A linezolida e a daptomicina são novos agentes antimicrobianos que foram recentemente introduzidos no tratamento de infecções por MRSA. A linezolida é um agente bacteriostático eficaz contra cocos gram positivos, incluindo MRSA, e pode ser mais eficaz do que a vancomicina no tratamento da pneumonia por MRSA (Ager & Gould, 2012).
Os antibióticos glicopeptídeos (vancomicina e teicoplanina) têm sido a principal base para o tratamento de infecções graves por MRSA. Todas as estirpes de MRSA continuam a ser susceptíveis aos glicopeptídeos, e estes agentes são recomendados como alternativas de primeira escolha também para o tratamento empírico de infecções invasivas suspeitas em que o MRSA é considerado um potencial agente causador (Liu, et al., 2011). Várias estirpes de MRSA recentemente descobertas apresentam resistência aos antibióticos, mesmo à vancomicina e à teicoplanina. Estas novas evoluções da bactéria MRSA foram apelidadas de *Staphylococcus aureus* VISA (resistência intermédia à vancomicina) (Schito, 2006).

A daptomicina constitui uma alternativa aceitável aos glicopeptídeos para o tratamento de infecções bacterémicas por MRSA. Trata-se de um agente bactericida rápido, ativo contra quase todos os cocos gram positivos, incluindo o MRSA, mas que não deve ser utilizado no tratamento da pneumonia porque a sua atividade é inibida pelo surfactante pulmonar. A tigeciclina é também um novo antibiótico de largo espetro eficaz contra o MRSA, mas não é considerada uma opção de primeira escolha em nenhuma indicação, devido a um aviso recente da Food and Drug Administration (FDA) dos Estados Unidos que indica um risco acrescido de mortalidade por todas as causas com a tigeciclina (Gould, *et al*, 2009; Liu, *et al.*, 2011).

As estirpes CA-MRSA diferem das estirpes HA-MRSA na sua suscetibilidade a diferentes grupos antimicrobianos. As estirpes CA-MRSA são geralmente susceptíveis ao co-trimoxazol, à rifampicina e à gentamicina, e a maioria delas também é suscetível à clindamicina, além disso, as estirpes CA-MRSA são frequentemente susceptíveis às tetraciclinas. Em contrapartida, é comum a resistência aos macrólidos e às fluoroquinolonas (King, *et al.*, 2006).

Os cientistas suecos, do Karolinska Institutet, propuseram um novo mecanismo antibiótico baseado na prevenção do crescimento do MRSA e de outras bactérias através do bloqueio do sistema tioredoxina nas células. Este sistema encontra-se em todas as células e é crucial para a produção de ADN. Protege também as células do stress oxidativo, que pode danificar ou matar uma célula e que ocorre quando os glóbulos brancos atacam as bactérias. Os investigadores experimentaram o novo medicamento chamado ebselen, previamente testado para tratar acidentes vasculares cerebrais e inflamações. Descobriram que este fármaco e outras substâncias sintéticas semelhantes inibiam o sistema tioredoxina nas bactérias. Descobriram também que o MRSA e a tuberculose resistente a antibióticos eram ambos susceptíveis ao ebselen e às substâncias sintéticas. Uma vez que o ebselen é também um antioxidante, tal como a vitamina C, protege o hospedeiro contra o stress oxidativo e, desta forma, pode matar dois coelhos com uma cajadada só (Lu *et al*, 2013).

1.2.2.10. Vacina contra o MRSA

Em vez de detetar o próprio MRSA, as novas estratégias podem consistir em analisar a resposta imunitária do hospedeiro ou a variação genética no hospedeiro. A deteção rápida dos níveis de anticorpos contra *S. aureus* com a tecnologia Luminex demonstrou que os níveis de anticorpos estavam associados à presença de genes de toxinas em isolados infecciosos de *S. aureus* e que o transporte persistente de *S. aureus* é influenciado e está associado à variação genética dos genes de resposta inflamatória do hospedeiro (Emonts, et al,2008).

O desafio de desenvolver uma vacina eficaz anti-S. *aureus* ou anti-MRSA tem sido um objetivo ilusório para os investigadores ao longo de muitos anos. Embora várias investigações continuem a tentar encontrar uma vacina eficaz contra o MRSA, há um consenso emergente de que as futuras vacinas terão de conter múltiplos antigénios (por exemplo, proteínas de superfície, toxoides e polissacáridos capsulares) e que o papel biológico da resposta imunitária mediada por células à infeção por MRSA terá de ser mais bem compreendido para que os esforços em curso para o desenvolvimento de vacinas sejam bem sucedidos (Patti, 2011; Daum & Spellberg, 2012).

1.2.2.11. Prevenção do MRSA

A prevenção do MRSA envolve vários processos, incluindo:

1.2.2.12. 1. Programas de rastreio

O rastreio dos doentes no momento da admissão hospitalar, com culturas nasais (especialmente com cultura rápida cromogénica ou por ensaio de PCR), previne a coabitação de portadores de MRSA com não portadores e a exposição a superfícies infectadas. O rastreio não é uma medida de controlo em si mesmo, mas fornece dados para uma abordagem orientada que permite dirigir as intervenções para os doentes adequados.

O rastreio do MRSA deve incluir as pessoas que tenham sido infectadas ou colonizadas com MRSA no passado, que tenham estado em contacto com portadores de MRSA previamente reconhecidos e que tenham estado recentemente internados em hospitais no estrangeiro ou em hospitais que se saiba terem um problema de MRSA. Além disso, deve ser direcionado para os locais mais comuns de transporte de MRSA (nariz, períneo, garganta e axila/virilha) e, além disso, para lesões e feridas cutâneas, locais de inserção de cateteres intravenosos e urina de cateteres (Coia, et al., 2006).

1.2.2.13. 2. Higienização de superfícies

A prevenção de infecções nosocomiais envolve a limpeza de rotina e terminal. Os sistemas de vapor de álcool não inflamável em dióxido de carbono (NAV-CO2) não corroem os metais ou plásticos utilizados em ambientes médicos e não contribuem para a resistência antibacteriana. Em ambientes de cuidados de saúde, o MRSA pode sobreviver em superfícies e tecidos, incluindo cortinas de privacidade ou vestuário usado pelos prestadores de cuidados. É necessária uma higienização completa das superfícies para eliminar o MRSA nas áreas onde os doentes estão a recuperar de procedimentos invasivos. Testar os doentes para detetar a presença de MRSA no momento da admissão, isolar os doentes com MRSA positivo, descolonizar os doentes com MRSA positivo e proceder à limpeza terminal dos quartos dos doentes e de todas as outras áreas clínicas que ocupam é o protocolo atual de melhores práticas para o MRSA nosocomial. O vapor de peróxido de hidrogénio pode ser utilizado para descontaminar quartos de hospital ocupados, apesar de demorar muito mais tempo do que a limpeza tradicional (Otter, et al, 2009).

1.2.2.11.3. Lavagem das mãos

Tal como acontece com algumas outras bactérias, o MRSA adquire maior resistência a alguns desinfectantes e anti-sépticos. Embora as compressas à base de álcool continuem a ser algo eficazes. Uma estratégia mais eficaz consiste em lavar as mãos com água corrente e um produto de limpeza antimicrobiano com uma ação de eliminação persistente, como a clorexidina. O antissético mais utilizado, a iodopovidona, quando diluído 1:100, foi o bactericida mais rápido tanto contra o MRSA como contra o S. *aureus* suscetível à meticilina (Demarco,et,al. 2007).

1.2.2.11.4. Isolamento

Para evitar a propagação de MRSA no local de trabalho, os profissionais de saúde com infecções activas por MRSA devem ser excluídos de actividades em que seja provável o contacto pele a pele até que as suas infecções estejam curadas. A exclusão do trabalho deve ser reservada às pessoas com drenagem da ferida que não possa ser coberta e contida com um penso limpo e seco e às pessoas que não consigam manter boas práticas de higiene. Os profissionais de saúde devem seguir as Centers for Disease Control and Prevention'sGuidelines for Infection Control in Health Care Personnel (NIOSH 2007).

1.2.2.11.5. Descolonização

Qualquer drenagem deve ser eliminada com muito cuidado. Após a drenagem de furúnculos ou outro tratamento para o MRSA, todas as lesões infecciosas devem ser mantidas cobertas com um penso. Os assentos das sanitas são um vetor comum de infeção, pelo que limpar os assentos antes e/ou depois da sua utilização pode ajudar a evitar a propagação do MRSA. Os puxadores das portas, torneiras, interruptores de luz, etc. podem ser desinfectados regularmente com toalhetes desinfectantes (pub Med, 2011).

Para prevenir a infeção por MRSA, o CDC recomenda que os indivíduos lavem regularmente as mãos com água e sabão ou com um desinfetante à base de álcool, mantenham as feridas limpas e cobertas, evitem o contacto com as feridas de outras pessoas, evitem partilhar objectos pessoais, como lâminas de barbear ou toalhas, tomem banho depois de fazerem exercício em instalações desportivas (incluindo ginásios, salas de musculação e instalações escolares), tomem banho antes de utilizarem piscinas ou banheiras de hidromassagem e mantenham um ambiente limpo (CDC, 2010).

1.2.2.12. Diagnóstico de MRSA

1.2.2.12.1. Deteção de MRSA a partir de colónias puras de S. *aureus*

O diagnóstico clássico das doenças infecciosas baseia-se em métodos de cultura e na microscopia convencional. Essencialmente, os laboratórios podem efetuar diariamente testes simples a um grande número de amostras clínicas, utilizando técnicas simples e meios de cultura baratos. Além disso, esta estratégia fornece isolados bacterianos que podem ser caracterizados de forma mais pormenorizada, por exemplo, através de uma identificação mais detalhada das espécies, da análise dos seus perfis de suscetibilidade aos antibióticos e, em casos especiais, da obtenção de tipagem epidemiológica para a análise de surtos.Durante as últimas três décadas, o rastreio multiplex oferece vantagens significativas e foram desenvolvidas muitas técnicas de diagnóstico novas, especialmente no diagnóstico de MRSA, todas elas com o objetivo de melhorar a precisão, os custos, os requisitos de amostra, a quantidade de dados que podem ser gerados e poupar tempo, em especial as técnicas de PCR e o teste rápido seletivo em ágar cromogénico, que constituem a inovação recente mais importante no âmbito do diagnóstico microbiológico de MRSA (Julie, et al. 2011; Denys et al, 2013).

1.2.2.12.1.1. Métodos genotípicos

O controlo do *Staphylococcus aureus* resistente à meticilina (MRSA) depende fortemente da rapidez e da qualidade das estratégias de identificação e caraterização molecular utilizadas pelo laboratório de microbiologia clínica (Brown, et al. 2005).
Os ensaios de cultura têm sido utilizados principalmente para a deteção e subsequente identificação de MRSA nas últimas 4-5 décadas. A cultura requer períodos de incubação prolongados e, em geral, a resistência à meticilina clinicamente relevante ainda tem de ser confirmada pela deteção do gene *mecA* ou do seu produto. As técnicas de amplificação de ácidos nucleicos (NAAT) oferecem vantagens em relação aos ensaios tradicionais baseados em culturas, nomeadamente uma maior especificidade e sensibilidade e um tempo reduzido para a identificação (Brown, et al. 2005; Ibrahem,

et al. 2009).

O diagnóstico molecular pode também ser de grande valor para o diagnóstico microbiológico clínico. Através da utilização de técnicas moleculares, os agentes patogénicos podem ser detectados por alvos de ácidos nucleicos únicos da espécie. No laboratório de diagnóstico molecular, a reação em cadeia da polimerase (PCR) é o método mais utilizado (Kluytmans, 2007).
A PCR é uma técnica molecular em que a replicação enzimática é utilizada para amplificar uma sequência curta de ADN. Uma vez que é utilizada para reproduzir secções selecionadas de ADN, a presença de MRSA é detectada de forma mais rápida e fácil em comparação com os métodos baseados em culturas, que podem demorar um a dois dias. A PCR é utilizada para identificar a cassete SCC mec que contém o gene *mecA*, uma estrutura de abertura caraterística do *Staphylococcus aureus* (Tacconelli, *et al.*2009).

A PCR em tempo real pode ser considerada como a inovação recente mais importante no domínio do diagnóstico microbiológico. Esta técnica combina a amplificação do alvo com a deteção do produto através da utilização de uma sonda fluorescente num sistema fechado. A amplificação e a deteção demoram 1-2 horas, o que é mais rápido do que o convencional. O risco de contaminação é marginal e a realização da PCR em tempo real exige menos tempo de trabalho e conhecimentos especializados. Existe a possibilidade de falsos positivos (baixa especificidade), contaminação) ou resultados falso-negativos (baixa sensibilidade, variabilidade no alvo, inibição) (Huletsky, *et al.*2004).

1.2.2.12.1.1.1. Deteção do gene *mecA*

As estirpes de *S. aureus* que possuem o gene *mecA* têm fenótipos de resistência variáveis, desde limítrofes a altamente resistentes. A deteção do gene mecA é aceite como a norma de ouro do diagnóstico de MRSA. A identificação confirmada da resistência à meticilina em qualquer estirpe de *S. aureus* só pode ser efectuada com base na presença do gene *mecA* (Chambers, 1997).

O kit de PCR disponível no mercado detecta o transporte nasal e na virilha de MRSA em três horas, com elevada sensibilidade e especificidade (Bishop et al., 2006). A deteção do gene mecA por PCR (em tempo real) é amplamente reconhecida como a norma de ouro para a identificação de MRSA. Foi recentemente descrita uma nova variante do gene *mecA* (mecC), indetetável pelos actuais ensaios de PCR de referência (Garcia-Alvarez, et al., 2011).

Reside num novo cromossoma de cassete estafilocócico móvel SCC mec chamado tipo XI. A proteína tem < 63% de identidade de aminoácidos com a PBP2a codificada por *mecA*, e foi descrita em estirpes de *S. aureus* e CoNS (Shore, et al., 2011).

1.2.2.12.1.1.2. Tipagem genética

A tipagem genética pode ser necessária após a deteção de MRSA, a fim de elucidar a disseminação (inter)nacional de clones de MRSA e de avaliar se ocorreu transmissão de MRSA e se são obrigatórias medidas de prevenção de infecções. O atual esquema de tipagem do MRSA foi introduzido no início de 2009 e inclui duas categorias de tipagem: tipagem primária e tipagem adicional (Vainio, 2012). O esquema de tipagem do MRSA é apresentado na figura (1-1).

A tipagem primária é efectuada para todas as estirpes de MRSA. A tipagem adicional com diferentes métodos de tipagem é efectuada em casos específicos. A PFGE é efectuada se for encontrado um novo tipo de spa (Vainio, 2012).
No laboratório de diagnóstico são utilizados muitos métodos diferentes de genotipagem, mas a eletroforese em gel de campo pulsado (PFGE) para a análise do ADN genómico é a preferida (Ichiyama, et al.1991).

No entanto, o PFGE é um método tecnicamente exigente, com portabilidade limitada devido à falta de reprodutibilidade. A análise de repetições em tandem com número variável de multilocos (MLVA) é uma técnica de genotipagem de elevado rendimento que pode ser utilizada para a genotipagem hospitalar, nacional e internacional de MRSA, mas o poder discriminatório depende do número e dos tipos de loci analisados (Pourcel, et al. 2009).

As abordagens baseadas em sequências, como a tipagem de sequências spa e a tipagem de sequências multi-locus (MLST), resultaram em grandes bases de dados de sequências de MRSA. A determinação do polimorfismo das sequências do gene *spa* que codifica a proteína de superfície estafilocócica A (tipagem da sequência spa) tornou-se o sistema de tipagem de MRSA mais popular (Friedrich, et al. 2008).

As novas ferramentas para identificação e tipagem de MRSA incluem diferentes aplicações de espetroscopia, como PCR/Electrospray Ionization-Mass Spectrometry e matrix-assisted laserdesorption ionization-time of flight mass spectrometry (MALDI-TOF MS).

A espetroscopia Raman tem sido descrita como uma ferramenta promissora. A espetroscopia Raman é uma técnica de tipagem rápida e reprodutível, que fornece impressões digitais ópticas específicas da estirpe em poucos minutos, em vez de várias horas a dias, como acontece com os métodos de genotipagem. O seu elevado rendimento e facilidade de utilização tornam-na adequada para utilização em laboratórios de diagnóstico de rotina (Hall, et al. 2009; Willemse, et al. 2009).

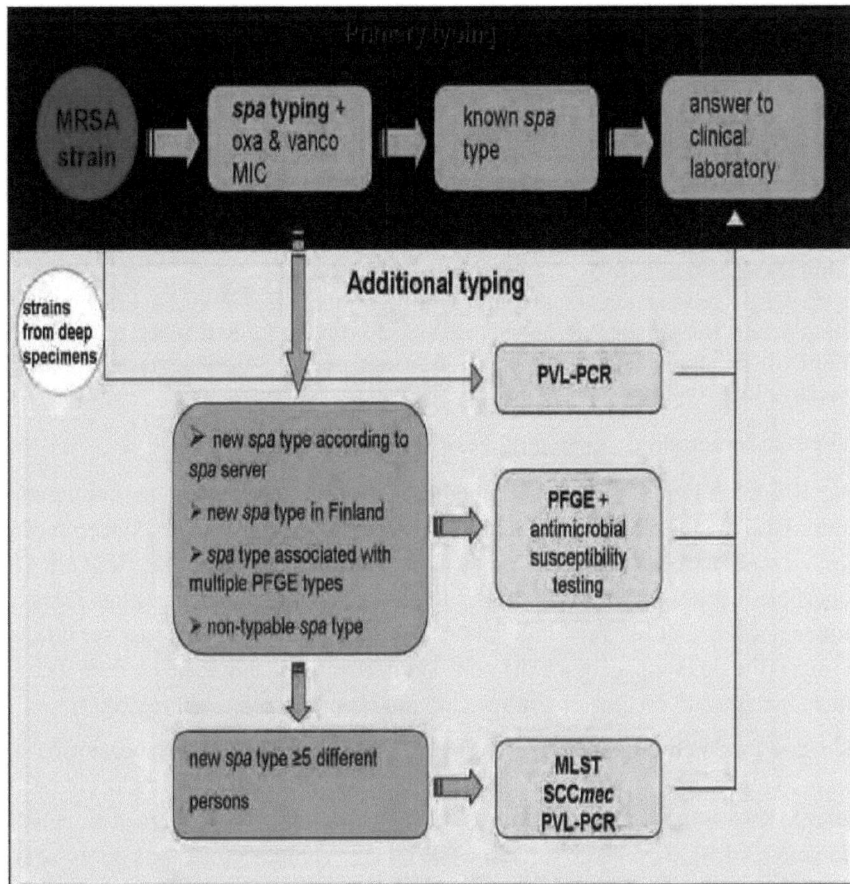

Figura 1-1. Esquema de tipagem do MRSA desde o início de 2009 (Vainio, 2012)

1.2.2.12.1.2. Métodos fenotípicos

1.2.2.12.1.3. 1. Testes de difusão em disco

Os métodos fenotípicos podem ser utilizados para testar a resistência à meticilina após a identificação de *S. aureus a* partir de uma cultura pura. O método de difusão em disco é a técnica mais utilizada para o teste de suscetibilidade em laboratórios clínicos, uma vez que é pouco dispendioso e tecnicamente simples. A interpretação dos resultados do teste foi bem normalizada e este método de teste é periodicamente revisto para um desempenho ótimo pelo Clinical and Laboratory Standards Institute (CLSI) dos EUA e pelo European Committee on AntimicrobialSusceptibility Testing (EUCAST).

As colónias isoladas a partir de uma cultura pura são utilizadas para preparar um inóculo que é depois aplicado numa placa de ágar Mueller-Hinton MHA. Os discos de papel contendo concentrações fixas de antibióticos são colocados na superfície da placa inoculada. Após 16 a 24 horas de incubação, formam-se zonas visíveis de inibição do crescimento à volta dos discos. Os parâmetros das zonas são interpretados utilizando os critérios CLSI/EUCAST e os resultados são comunicados qualitativamente como sensíveis, intermédios ou resistentes (CLSI, 2012).

Anteriormente, o CLSI recomendava a utilização de discos de oxacilina de 1 gg e a incubação a 35°C em placas de MHA suplementadas com 2% de NaCl para testar a resistência dos estafilococos à meticilina. Estudos recentes sugerem que as técnicas de difusão em disco que utilizam a cefoxitina são superiores aos métodos baseados na oxacilina (Felten, et al., 2002; Swenson &Tenover, 2005).

A norma CLSI recomenda atualmente a utilização de cefoxitina30 Lig em vez de oxacilina para o diagnóstico de MRSA utilizando o método de difusão em disco para um diâmetro de zona de inibição < 21 mm em placas MHA sem sal adicional e incubação a 35°C durante 18 h. (CLSI,2011;2012)

1.2.2.12.1.2. *2.* método do ensaio do epsilómetro (E-test):

O teste E é o método de difusão em gradiente antimicrobiano mais comummente utilizado. Utiliza uma tira de teste impregnada com um gradiente de concentração de antibiótico seco marcado na superfície de uma escala. Podem ser colocadas várias tiras na superfície de uma placa MHA que tenha sido inoculada com uma suspensão bacteriana padrão; é necessária uma cultura pura antes de o teste E poder ser utilizado. Após uma noite de incubação, a CIM pode ser determinada através da leitura da escala na tira na intersecção do crescimento bacteriano (Jorgensen & Ferraro, 2009).

O teste E é um método flexível e fácil que se adequa mesmo a laboratórios mais pequenos. Com certas combinações de organismos e agentes antimicrobianos, por exemplo MRSA e vancomicina, o teste E tende a ser tendencioso (Prakash, et al., De acordo com o CLSI, o ponto de rutura da CIM da resistência à oxacilina para *S. aureus* é > 4 mg/L, o que está de acordo com o EUCAST, cujo ponto de rutura da CIM da oxacilina é > 2 mg/L (http://www.eucast.org). Um valor de CIM de cefoxitina > 8 mg/L (CLSI) / > 4mg/L (EUCAST) indica MRSA. Recomenda-se a utilização de placas MHA suplementadas com 2% de NaCl e incubadas a +35°C durante 24 horas (Weller, et al., 1997; CLSI, 2011).

1.2.2.12.1.2. 3. teste de aglutinação do látex

O teste de aglutinação em látex MRSA Screen está disponível como método direto de deteção de MRSA através da deteção de PBP2a com um anticorpo monoclonal. Este teste é preciso, simples e requer apenas 15 minutos para diferenciar entre colónias de MRSA e MSSA isoladas em placas de ágar e a presença de aglutinação é interpretada como um resultado positivo para MRSA. O teste só deve ser aplicado após a identificação da colónia ao nível da espécie, para excluir um resultado falso-positivo do teste por CoNS (Cavassini, et al., 1999).

1.2.2.12.1.2.4. Concentração inibitória mínima (CIM)

A concentração inibitória mínima MIC (método de diluição em caldo) foi um dos primeiros métodos de teste de suscetibilidade antimicrobiana. Este método envolve a preparação de várias diluições de um antibiótico (meticilina, oxacilina, cefoxitina) num meio de crescimento líquido. Para cada diluição, foram inoculados tubos de ensaio separados com uma suspensão bacteriana padrão derivada da cultura pura da amostra clínica original. Após uma incubação nocturna, os tubos foram examinados quanto à turvação causada pelo crescimento bacteriano. A concentração mais baixa que impediu o crescimento foi registada como o valor da CIM (Jorgensen & Ferraro, 2009).

Vários sistemas automatizados de teste rápido de suscetibilidade antimicrobiana para *S. aureus* ou MRSA baseiam-se numa abordagem de microdiluição com sensibilidade. As técnicas de deteção incluem abordagens turbidimétricas, fluorimétricas e colorimétricas. Até à data, foram aprovados pela FDA quatro dispositivos deste tipo: o Vitek 2 (bioMerieux, Marcy l'Etoile, França), o MicroScanWalkAway (Siemens Healthcare Diagnostics, West Sacramento, CA, EUA), o BDPhoenix Automated Microbiology System (BD Diagnostic Systems, Sparks, Md, EUA) e o Sensititre ARIS 2X (Trek Diagnostic Systems). Os resultados dos testes estão normalmente disponíveis num prazo de horas úteis e as CMI de vários agentes antimicrobianos diferentes podem ser testadas simultaneamente. Existem provas de que os resultados dos testes de suscetibilidade rápidos gerados por estes sistemas conduzem a benefícios financeiros e clínicos. O BBL Chrystal MRSA ID baseia-se na monitorização do consumo de oxigénio, que aumenta na presença de qualquer bactéria aeróbica em crescimento (Becton Dickinson, Cockeysville, Md, EUA). O teste promete uma identificação correta do MRSA em apenas 4 horas (no entanto, todas as técnicas automatizadas rápidas aqui descritas continuam a exigir um organismo isolado a partir de uma cultura *pura de* S. *aureus* (Qadri, et al., 1994; Felten, et al., 2002; Jorgensen & Ferraro, 2009).

1.2.2.12.1.2.5. Método de rastreio em ágar

A identificação de MRSA através do método de rastreio em ágar requer uma determinada concentração de corte do antibiótico que se espera inibir o crescimento de estirpes susceptíveis normais e permitir o crescimento de fenótipos resistentes.

A utilização de ágar Mueller Hinton suplementado com 4% de NaCl e 6 Lig ml-1 de oxacilina é um exemplo deste método de rastreio em ágar para detetar a resistência à oxacilina em *S. aureus* (placa de rastreio MRSA). A placa de rastreio em ágar é inoculada com uma ansa de 1 LITRO mergulhada numa suspensão bacteriana com uma turvação equivalente a 0,5 padrões de McFarland. Após 24 horas de incubação a 35°C, o aparecimento de mais de uma colónia é considerado MRSA screen positive (Swenson. et al., 2007).

1.2.2.12.1.2.6. Despistagem direta e rápida de MRSA

Foram desenvolvidos vários métodos para a identificação direta e rápida de MRSA, que fornecem os melhores resultados globais para a deteção de MRSA, o que pode poupar tempo e dinheiro, evitando a necessidade de métodos bioquímicos adicionais.

1.2.2.12.2.1. Agares cromogénicos selectivos

Foram desenvolvidos vários ágares selectivos para fins de rastreio direto de MRSA, especialmente a partir das narinas anteriores, que são consideradas o local predominante de transporte de MRSA, embora a sensibilidade aumente significativamente com a adição de uma fase de enriquecimento. A maior parte dos meios cromogénicos selectivos que contêm cefoxitina ou meticilina, como o HiCrome MeReSa Agar e o CHROMagar, são colónias altamente específicas de cor e morfologia típicas que, após 18-24 h de incubação, podem ser consideradas MRSA sem confirmação (Bocher, et al. 2008: Wendt, et al.2010; Alzaidi&Alsulami, 2013).

Os meios cromogénicos atualmente disponíveis incluem HiCrome MeReSa Agar (Hi-Media, Índia), ChromID (bioMerieux, França), MRSA Select (Bio-Rad Laboratories, Bélgica), CHROMagar MRSA (CHROMagar Microbiology, França), BD Diagnostics (Erembodegem, Bélgica), Chromogenic MRSADenim Blue agar (Oxoid, Reino Unido) e MRSA Ident agar (Heipha, Alemanha).A seletividade destes meios baseia-se na presença de uma mistura de antibióticos/antifúngicos e de uma concentração optimizada de sal que inibe o crescimento de leveduras e da maioria das bactérias gram positivas e gram negativas, com exceção do MRSA, e de um indicador que muda de cor em resultado dos subprodutos *metabólicos do S. aureus* (Figura 1-2).

Estes métodos apresentaram os melhores resultados globais para a deteção de MRSA a partir de amostras nasais e proporcionam uma solução tudo-em-um atractiva, sem os elevados custos associados aos métodos moleculares, podendo também poupar tempo e dinheiro, evitando a necessidade de testes bioquímicos adicionais (Alzaidi & Alsulami, 2013; Denys et al, 2013).

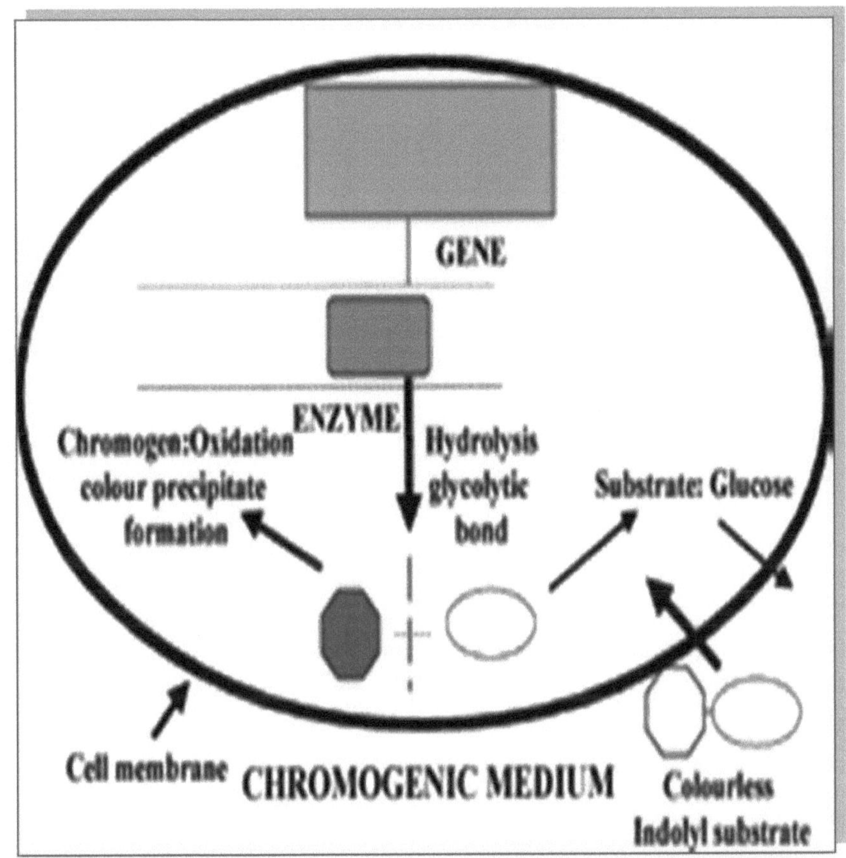

Figura 1-2. Diagrama das reacções bioquímicas envolvidas na identificação de MRSA com as reacções cromogénicas enzimático-substrato. Modificado de John Merlino (2008).

1.2.2.12.2.2. Técnicas rápidas de PCR

O desenvolvimento dos ensaios de PCR em tempo real com sequências-alvo múltiplas permitiu detetar MRSA diretamente a partir de amostras clínicas não esterilizadas. São necessários múltiplos primers para cobrir as diferentes variantes SCCmec para mecA-positivo de *S. aureus* e CoNS. A PCR em tempo real (1 hora) visa sequências cromossómicas específicas de MRSA em amostras nasais, permitindo a deteção rápida de portadores de MRSA (Huletsky et al., 2004; 2005).

Foi também registada uma elevada prevalência de resultados falsos positivos em vários ensaios que visam o SCCmec (Arbefeville, et al., 2011).

Por outro lado, os estudos de Stamper, et al., (2011) e Arbefeville, et al. (2011) recomendaram a verificação de todas as amostras positivas para a PCR rápida através de métodos fenotípicos convencionais.

CAPÍTULO DOIS

Materiais e métodos
2.1. Materiais
2.1.1. Recolha de amostras:
As amostras foram colhidas de doentes e de artigos ambientais das enfermarias cirúrgicas do hospital universitário Al-Hussein na cidade de Nasiriyah, no Iraque, durante um período de maio a novembro de 2012. Foram recolhidas duzentas e noventa e seis amostras (de 232 doentes e 64 artigos do ambiente hospitalar) para a deteção de HA-MRSA. Foi obtido o consentimento informado dos doentes que permaneceram nas enfermarias do hospital durante, pelo menos, 72 horas, tendo sido recolhidas amostras nasais de cada doente. Foi também recolhido um formulário que incluía a idade, o género, o estado de saúde e dados relevantes de cada doente.

Foram utilizadas zaragatoas de algodão esterilizadas (embebidas em solução salina normal 0,9) para a zaragatoa nasal das narinas anteriores dos doentes. A zaragatoa foi inserida simultaneamente no interior das narinas anteriores, primeiro numa narina e depois na outra narina, e esfregada muito bem, rodando 5 vezes sobre a parede interna do septo nasal, sendo imediatamente processada para cultura e isolamento. No que respeita ao ambiente, foram esfregadas as superfícies de objectos frequentemente manuseados (camas, lavatórios, puxadores de portas, tabuleiros cirúrgicos e superfícies de mesas).

2.1.2. Aparelhos e equipamentos de laboratório

Quadro (2-1) Aparelhos e equipamentos de laboratório

No.	Item	Company	Origin
1.	Micropipettes 0– 10 µl, 5-50 µl, 100-1000 µl, &tips		China
2.	Hood	Holtenlamin	Denmark
3.	Centrifuge	Hettich	Germany
4.	Cooling microcenterifuge	Hermle	
5.	Water Bath	Memmert	
6.	PH meter	Lovibond	
7.	Sensitive electron balance	Denver	
8.	Slides	Beroslide	
9.	Benson burner		
10.	Inoculating standard loop	Himedia	India
11.	Autoclave	Hirayama	Japan
12.	Digital camera	Canon	
13.	Light microscope	Olympus	
14.	Plastic Test tubes	AFCO	Jordan

15.	Nanodrop		Korea
16.	Refrigerator	Concord	
17.	Lab-shaker	Lab-Thermkuhner	Switzerland
18.	Spherical flasks	Hysil	U.K
19.	Glass beakers		
20.	Graduated cylinder		
21.	Conical flasks		
22.	Gel-Electrophoresis	Cleaver	
23.	Petri dishes 9 cm.	Sterilin	
24.	Incubator	Binder	Germany
25.	Oven		
26.	Thermocycler apparatus	Cleaver scientific LtD	
27.	UV-transilluminator		
28.	Vibrator	Barnstead international	USA
29.	Sterile cotton Swabs		
30.	DNA tubes 150 µl	Axygen	
31.	PCR tubes 50µl.		

2.1.3. Meios de cultura:

Os meios de cultura utilizados neste estudo são apresentados no Quadro (**2-2**)

Quadro (2-2) Meios de cultura prontos a utilizar

No	Culture media	Company	Origin
1	HiCromeMeReSa Agar**		
2	Mannitol salt agar		
3	Mueller-Hinton agar	HiMedia	India
4	Blood agar base		
5	Peptone broth		
6	Brain –Heart agar		
7	Brain –Heart infusion		

****Composição da base de ágar HiCrome MeReSa**

O ágar HiCrome MeReSa Base M1674 (HiMedia, Índia) é recomendado para o isolamento e a identificação selectiva de Staphylococcus *aureus* resistente à meticilina (MRSA) a partir de isolados clínicos. É constituído por :-

No.	Ingredients	gm/ Liter
1	Casein enzymichydrolysate	13.000
2	Yeast extract	2.500
3	Beef extract	2.500
4	Agar	15.000
5	Sodium chloride	40.000
6	Sodium pyruvate	5.000
7	Chromogenic mixture	5.300
8	Final pH (at 25°C) 7.0±0.2	

2.1.4. Produtos químicos:

Os produtos químicos utilizados neste estudo são apresentados na Tabela (2.3).

Tabela (2-3) Materiais químicos

No	Materials	Company	Origin
1	Triton X-100	BDH	England
2	Boric Acid		
3	Bromophenol blue		
4	Tris- HCL, Tris-OH		
5	EDTA		
6	McFarland 0.5 standard	Biomerieux	France
7	H_2O_2 (3%)		Iraq
8	Gram stain set	Crescent	KSA
9	Isopropanol	Fluka	Switzerland
10	Glycerol (C3H8O3)		
11	Ethanol alcohol		
12	Ethidium bromide	Sigma	UK
13	Agarose	Promega	USA
14	Nuclease free H_2O		

2.1.5. Kits comerciais

Os kits comerciais e respectivos apêndices utilizados no presente estudo são apresentados na Tabela (**2-4**).

Quadro (2-4) Kits comerciais

No.	Rapid kit	Company	Country
1	Reagent Genomic DNA Kit[1]	Geneaid	South Korea
2	Primers[2]	Bioneer	
3	AccuPower PCR PreMix Kit[3]		
4	DNA molecular Weight markers[4]		
5	API staph. Kit	Biomerieux	France

1- Conteúdo do kit de reagentes de ADN genómico e respectivos apêndices

No	Materials
1	Lysozyme buffer
2	Cell lysis buffer
3	Protein removal buffer
4	Isopropanol alcohol
5	Ethanol alcohol
6	RNase solution
7	DNA rehydration solution (TE or ddH_2O)
8	TBE Buffer (Tris-HCL+Boric Acid +EDTA+DW)

2-Conteúdo do kit de primers:-

Direction	Primer Sequence 5´- 3´	Target gene
Forward	AAAATCGATGGTAAAGGTTGGC	mecA 533pb
Reverse	AGTTCTGCAGTACCGGATTTTGC	mecA533pb

2- Conteúdo do AccuPower PCR PreMixKit:-

No	materials	for 20µl reaction
1	Top DNA polymerase	1 U
2	Each: dNTP (dATP, dCTP, dGTP, dTTP)	250µM
3	Tris-HCl (PH 9.0)	10 mM
4	KCl	30 mM
5	$MgCl_2$	1.5mM
6	Stabilizer and tracking dye	

Marcadores de peso molecular de **4-DNA**
A escada de ADN de 100 pb foi especialmente concebida para determinar o tamanho de ADN de cadeia dupla de 100 a 2000 pares de bases. A escada de ADN é constituída por 13 fragmentos de ADN de cadeia dupla com tamanhos compreendidos entre 100 e 1000 pb, cujas bandas são duas a três vezes mais brilhantes para facilitar a identificação.

2.1.6. Discos de antibióticos
Os discos de antibióticos fabricados pela HiMedia, IndiaCompany utilizados no presente estudo são apresentados no quadro (2-5)
Tabela (2-5) Discos de antibióticos

No.	Antibiotic	Disc Potency (µg/disk)
1	Methicillin	5
2	Cefoxitin	30
3	Oxacillin	1
4	Ampicillin	10
5	Amoxicillin	10
6	Imipenem	10
7	Meropenem	10
8	Erythromycin	15
9	Gentamycin	5
10	Tetracycline	30
11	Ciprofloxacin	5
12	Vancomycin	10
13	Clindamycin	2

2.2. Métodos

2.2.1. Preparação de meios de cultura e reagentes

2.2.1.1. Preparação de meios de cultura

Os meios de cultura pré-fabricados (HiCrome MeReSa Agar, Mannitol salt agar, Mueller-Hinton agar, Blood agar base, Peptone broth, Brain -Heart agar, Brain -Heart infusion) foram preparados de acordo com as instruções do fabricante (HiMedia, Índia). É importante mencionar que, na preparação do meio de ágar sangue, foi adicionado 5% de sangue humano fresco.

2.2.1.2. Preparação de reagentes

2.2.1.2.1. Reagente de catalase

O reagente foi preparado adicionando 3 ml de peróxido de hidrogénio a 100 ml de água destilada, sendo depois armazenado num recipiente escuro (Forbes et al., 2007).

2.2.1.2.2. Reagente de coagulase

Este reagente foi preparado e utilizado de acordo com as instruções do fabricante como um reagente pronto a usar.

2.2.2. Coloração

A coloração de Gram foi utilizada para diferenciar gram-negativos de grampositivos e para identificar a forma e a disposição das bactérias (MacFaddin, 2000; Vandepitte, et al. 2003).

2.2.3. Soluções utilizadas nos métodos de extração e eletroforese de ADN

2.2.3.1. Solução de lisozima

A preparação desta solução foi efectuada de acordo com as instruções do fabricante, dissolvendo 20 mg de lisozima em pó em 1 ml de tampão lisozimático (20 mM-MTris-HCl, 2 mMEDTA e 1%Triton x-100, pH 8) e armazenando-a a -20 °C até à sua utilização (Geneaid, Coreia).

2.2.3.2. Tampão Tris EDTA (tampão TE)

O tampão TE foi preparado dissolvendo 10 mMTris-HCl e 1 mMEDTA em 800 ml de água destilada, o pH foi ajustado para 8 e completado para um litro com água destilada, depois autoclavado a 121°C durante 15 minutos e armazenado a 4°C até ser utilizado (Sambrook e Rusell, 2001).

2.2.3.3. Tampão Tris-Borato-EDTA (TBE)

89mM tris (pH7,6), 89mM ácido bórico e 2mM EDTA , foram dissolvidos em 750ml de água destilada, o pH foi ajustado para 8,0 e completado para um litro com água destilada, depois autoclavado a 121°C durante 15 minutos e armazenado a 4°C até ser utilizado (Cleaver Scientific Ltd, 2012).

2.2.3.4. Solução de brometo de etídio

A solução de brometo de etídio foi preparada dissolvendo 10 mg de brometo de etídio em 1 ml de água destilada e armazenada num frasco de reagente escuro.

2.2.3.5. Corante de carga de ADN

O tampão de amostra 10x consiste em 50% de glicerol, 0,25% de azul de bromofenol e 0,25% de xileno cianol dissolvidos em tampão TBE 1x. Devem ser preparados apenas 1-10 ml do corante de carga 10x e armazenados a 4°C até serem utilizados (Cleaver Scientific Ltd, 2012).

2.2.3.6. Preparação do gel

De acordo com o Cleaver Scientific Ltd, Lab.(2012), o volume necessário de solução de agarose para produzir o gel de agarose pretendido depende do tamanho da bandeja unitária. Para um gel de agarose padrão a 0,7%, foram adicionados 0,7 gramas de agarose a 100 ml de solução TBE 1x.

A mesma solução 1x deve ser utilizada na solução-tampão do tanque. Em seguida, adicionou-se a quantidade adequada de solução TBE 1x (25 ou 50 ml) ao pó de agarose no frasco cónico. Para evitar a evaporação durante as fases de dissolução, o frasco cónico foi coberto com película aderente.

O pó de agarose foi dissolvido aquecendo a agarose numa placa magnética com barra de agitação ou num forno micro-ondas a cerca de 400 watts ou na potência média. A solução foi aquecida até todos os cristais estarem dissolvidos. Os cristais aparecem como cristais translúcidos. Estes interferem com a migração da amostra se não forem completamente dissolvidos. Em seguida, o gel foi arrefecido entre 50 °C e 60 °C e misturado com brometo de etídio 0,5 Lig /ml antes de ser vertido.

2.2.4. Diagnóstico laboratorial de MRSA

2.2.4.1. Análise morfológica e microbiológica

Cada zaragatoa nasal e ambiental foi cultivada diretamente na placa de ágar HiCrome MeReSa (meio seletivo para MRSA, HiMedia, Índia) e, subsequentemente, na placa de ágar de sal de manitol, uma hora após a colheita, por espalhamento, de acordo com a técnica convencional.

Foram feitos todos os esforços para assegurar uma distribuição equivalente dos espécimes entre as duas placas em cada esfregaço.

As placas de cultura HiCrome foram incubadas a 35°C durante 24 horas e as colónias que apresentavam um crescimento de cor verde-azulada neste meio foram consideradas MRSA positivas, enquanto a cultura de sal de manitol foi incubada a

37°C durante 24 a 48 horas e as colónias predominantes por amostra que apresentavam fermentação de manitol foram selecionadas e *o S. aureus* foi identificado ao nível da espécie através de vários testes bacteriológicos, embora as caraterísticas das colónias, a morfologia das células microscópicas, a coloração de Gram e os testes bioquímicos necessários (MacFaddin, 2000; Brook et al, 2011).

As propriedades bioquímicas foram determinadas utilizando testes bioquímicos tradicionais, incluindo o teste da catalase, o teste da oxidase, o teste da coagulase, o teste de fermentação de hidratos de carbono e outras propriedades utilizando o API staph. System (bioMerieux, França).

Para cada isolado de *S. aureus*, foi utilizada uma suspensão bacteriana ajustada a 0,5 McFarland. Subsequentemente, uma zaragatoa foi mergulhada na suspensão, semeada na placa de ágar HiCrome MeReSa (para confirmação como MRSA) e incubada a 35°C durante 24 h.

Todas as culturas que apresentavam um crescimento de cor verde-azulada neste ágar HiCrome MeReSa foram consideradas positivas para MRSA e, subsequentemente, confirmadas pela técnica de PCR.

2.2.4.1.1. Teste API Staph

O teste dos sistemas de identificação de estafilococos API (kit) foi efectuado de acordo com as instruções do fabricante. Os API são compostos por tiras de plástico que contêm geralmente 20 tubos em miniatura. *O Staphylococcus aureus foi* identificado utilizando estes testes API.

O sistema de identificação possui bases de dados extensas de reacções bioquímicas caraterísticas dos microrganismos e está normalizado (biomerieux - França). (Fotografia: De acordo com as instruções do fabricante, a tira de plástico estéril (teste API) foi inoculada com uma cultura pura isolada de suspensão de microrganismos. Este processo também rehidrata o meio nos tubos em miniatura. E algumas sondas (tubos) foram cobertas com óleo mineral estéril (reacções anaeróbias - ADH, LDC, ODC, H_2S e URE).

Os resultados foram lidos após incubação durante 24 horas numa câmara húmida (Figura 2-1). As reacções de cor foram lidas (alguns dos tubos terão alterações de cor devido a diferenças de pH e outros com a ajuda de reagentes adicionados para detetar produtos metabólicos finais), e as reacções (mais a reação de oxidase feita separadamente) foram convertidas num código de sete dígitos. O código foi confirmado com a base de dados do fabricante (livro de códigos), que dá a identificação, normalmente como género de estafilococos e espécie de aureus (Geary, et al.1989).

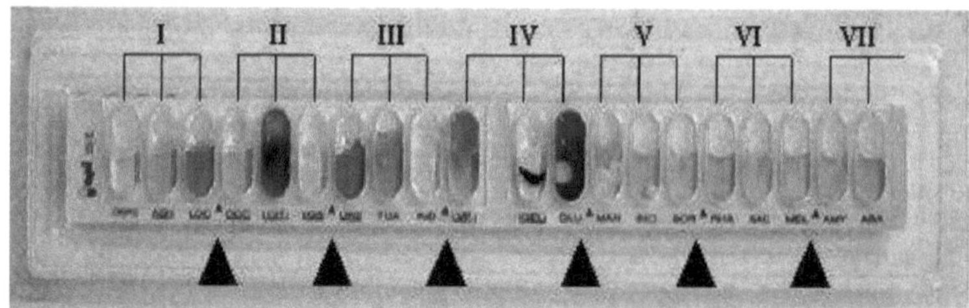

Figura (2-1). Kit de teste API Staph

2.2.4.1.2. Testes bioquímicos

2.2.4.1.2.1. Teste da coagulase

O plasma de coelho diluído 1:5 foi misturado com um volume igual de caldo de cultura ou crescimento de colónias em ágar e incubado a 37°C. Um tubo de plasma misturado com caldo estéril foi incluído como controlo. Se se formarem coágulos em 14 horas, o teste será positivo (Brook et al., 2011).

2.2.4.1.2.2. Teste da catalase

Este teste é utilizado para detetar a presença de enzimas catalase (citocromo oxidase). Uma gota de solução de peróxido de hidrogénio a 3% foi colocada numa lâmina e uma pequena quantidade do crescimento bacteriano foi colocada na solução. A formação de bolhas (a libertação de oxigénio) indica um teste positivo (Brook et al., 2011).

2.2.4.2. Deteção de MRSA por ensaio fenotípico

2.2.4.2.1. Método do ágar cromogénico

A Hi-Media (Índia), que produziu o HiCrome MeReSa Agar Base (M1674), foi utilizada para a deteção de MRSA entre os isolados clínicos de *S. aureus*. O meio foi preparado suspendendo 41,65 g do meio em 500 ml de água destilada e fervendo.
O meio foi arrefecido até cerca de 45 a 50°C e adicionou-se o suplemento seletivo MeReSa (FD229) reconstituído com 5 ml de água destilada estéril em cada frasco de meticilina com 2,0 mg de meticilina, de acordo com as instruções do fornecedor (HiMedia-India), e misturou-se muito bem. Pouco depois, o meio foi vertido em placas de Petri, arrefecido e verificado quanto à esterilidade, mantendo-o a 37°C durante a noite.
Neste estudo, a deteção de MRSA foi determinada por cultura direta de cada zaragatoa no meio HiCrome e por subcultura dos isolados de *S. aureus* identificados do ágar de sal de manitol no ágar HiCrome MeReSa. As placas foram incubadas a 35°C durante 24 horas, após o que todas as culturas que apresentavam um crescimento de cor verde-azulada foram consideradas estirpes MRSA positivas, enquanto todas as outras foram registadas como estirpes MSSA (HiMedia Labs. Products, Índia).

2.2.4.2.2. Método de difusão em disco

De acordo com as diretrizes do CLSI, a suscetibilidade fenotípica à meticilina dos isolados de *S. aureus* confirmados foi determinada utilizando as técnicas de difusão padrão da meticilina, cefoxitina e oxacilina (CLSI, 2011; 2012).

Foi preparada uma suspensão de colónias de cada isolado até à densidade de um padrão de 0,5 McFarland e colocada em ágar Mueller-Hinton MHA. Foram adicionados à placa discos de 5 pg de meticilina, 1 pg de oxacilina e 30 pg de cefoxitina. Os diâmetros das zonas de inibição foram medidos manualmente após 24 h de incubação a 37°C. A leitura do disco de oxacilina foi efectuada com luz transmitida de acordo com as recomendações do CLSI.

Os pontos de rutura de resistência e suscetibilidade à meticilina atualmente recomendados pelo CLSI para um disco de cefoxitina de 30 pg são 21 mm e 22 mm, respetivamente. Os pontos de rutura recomendados para um disco de oxacilina de 1 pg são > 13 mm para estirpes susceptíveis, 11-12 mm para estirpes intermédias e <10 mm para estirpes resistentes. Os pontos de rutura recomendados para um disco de 5 pg de meticilina são > 14 mm para estirpes susceptíveis, 10-13 mm para estirpes intermédias e < 9 mm para estirpes resistentes. De acordo com oCLSI, 2011; 2012, os resultados do teste da cefoxitina são considerados mais fáceis de interpretar e mais sensíveis para a deteção de MRSA

2.2.4.2.3. Testes de suscetibilidade aos antibióticos

As susceptibilidades dos isolados a 13 antibióticos (mcthicillin5ug, ccfoxitin30ug, oxacillin 1ug, ampicillin 10ug, amoxicillin 10ug, mcropcnem10ug, imipenem 10ug, ciprofloxacina 15 ug, eritromicina 5ug, vancomicina30ug, tetraciclina 5ug, gentamicina 10ug e clindamicina2ug) foram determinados em ágar Mueller-Hinton, pelo método de difusão em disco de Kirby Bauer (MacFaddin, 2)))).
Os resultados foram interpretados com base nas diretrizes do Clinical and Laboratory Standards' institute (CLSI, 2)11, 2)12).
O MRSA foi identificado com base na resistência à oxacilina, à cefoxitina e à meticilina e comparado com a deteção em ágar HiCrome e confirmado pela técnica de PCR para a deteção do gene mecA.

2.2.4.3. Deteção de MRSA por ensaio genotípico
2.2.4.3.1. Extração de ADN genómico

A extração de ADN genómico de MRSA foi realizada de acordo com as instruções do fabricante (Geneaid, Coreia) nas seguintes etapas:
1. A cultura bacteriana (até 1 x 1)^9) foi transferida para um tubo de microcentrifugação de 1,5 ml.
2. Centrifugar durante 1 minuto a 14-16,))) x g e rejeitar o sobrenadante.

3. Adicionaram-se 100 ul de tampão de lisozima ao tubo e ressuspendeu-se o sedimento celular por vórtex ou pipetagem.
4. Incubação à temperatura ambiente durante 20 minutos. Durante a incubação, inverter o tubo a cada 2-3 minutos.
5. Adicionaram-se 300 ul de tampão de lise celular à amostra e misturou-se no vórtex.
6. Incubar a 60°C durante 10 minutos ou até o lisado da amostra ficar límpido. Durante a incubação, o tubo foi invertido de 3 em 3 minutos.
7. Adicionou-se 5 ul de RNase A (10 mg/ml) ao lisado da amostra, misturou-se com um vórtex e incubou-se à temperatura ambiente durante 5 minutos (etapa opcional).
8. Adicionaram-se 100 ul de tampão de remoção de proteínas ao lisado da amostra e agitou-se imediatamente no vórtex durante 10 segundos.
9. Incubação em gelo durante 5 minutos.
10. Centrifugação a 14000-16000 x g durante 3 minutos.
11. O sobrenadante foi transferido para um tubo de microcentrifugação limpo de 1,5 ml.
12. Adicionaram-se 300 ul de isopropanol e misturou-se bem por inversão.
ntrifugação a 14000-16000 x g durante 5 minutos.
13. O sobrenadante foi rejeitado e foram adicionados 300 ml de etanol a 70% para lavar o sedimento.
14. Centrifugação a 14000-16000 x g durante 3 minutos.
15. O sobrenadante foi eliminado e o sedimento foi seco ao ar durante 10 minutos.
16. Foram adicionados 50-100 цi de TE Buffer e incubados a 60°C durante 30-60 minutos para dissolver o pellet de ADN. Durante a incubação, bater no fundo do tubo para promover a re-hidratação do ADN. Em seguida, o extrato de ADN foi confirmado por eletroforese em gel e mantido a -20°C até ser utilizado.

A concentração (NANOGRAMA/цI) do modelo de ADN dos isolados de MRSA, preparado conforme descrito acima, foi confirmada por um aparelho nanodrop (Coreia) no laboratório de biotecnologia da Faculdade de Ciências da Universidade de Basrah.

2.2.4.3.2. Ensaio PCR

De acordo com as instruções do fabricante (Bioneer, Coreia), a mistura de amplificação PCR foi preparada de acordo com os seguintes passos:

2.2.4.3.2.1. PrimáriosPreparação

O iniciador direto 5' AAAATCGATGGTAAAGGTTGGGC3' e o iniciador inverso5' AGTTCTGCAGTACCGGATTTTGC3' foram utilizados para amplificar um fragmento de ADN de 533 pb do mecAgene (Murakami et al., 1991). Os iniciadores foram diluídos com base nas instruções do fabricante em 131,3 цI de tampão TE (pH 8,0) para o iniciador direto e 139,3 цI de TE para o iniciador reverso, a fim de obter 100 pmoles / volume e mantidos como estoque a -20 ° C, em seguida, 100 цI de cada estoque de iniciador foram diluídos em 1ml de água destilada estéril desionizada ou TE para obter 10pmoles / pl.

2.2.4.3.2.2. Protocolo da mistura de reação

De acordo com o AccuPower PCR PreMix Kit (Bioneer, Coreia), o volume final da mistura de reação foi de 20 ці (Tabela 2-6), contendo o seguinte:-

Tabela (2-6) mistura de reação Conteúdo

No	Content	Volume20µl
1	AccuPower PCR PreMix	5
2	Forward primer	1
3	Reverse primer	1
4	Template DNA	5
5	dd water	8

Foram adicionados 5 gl (5-50ng/gl) de ADN modelo de isolados selecionados de MRSA, preparados da forma descrita anteriormente, ao tubo AccuPower PCR PreMix e, subsequentemente, 1 Lil de cada iniciador direto e inverso. Em seguida, o volume final de 20 ml foi completado com água destilada esterilizada e desionizada. O pellet azul liofilizado foi dissolvido por agitação em vórtice e centrifugado brevemente. A mistura de reação foi centrifugada durante 5 segundos e foi realizada a PCR das amostras.

2.2.4.3.2.3. Amplificação por PCR do gene mecA

Após a preparação de um volume de 20 l de mistura de reação, a PCR foi realizada num aparelho termociclador (Cleaver scientific LtD, UK) com ciclos de reação, ou seja, desnaturação inicial a 94°C durante 3 min; 30 ciclos de 94°C/1 min, 60°C/1 min, 72°C/1 min e uma extensão final de 72°C/5 min (Figura 2-2).

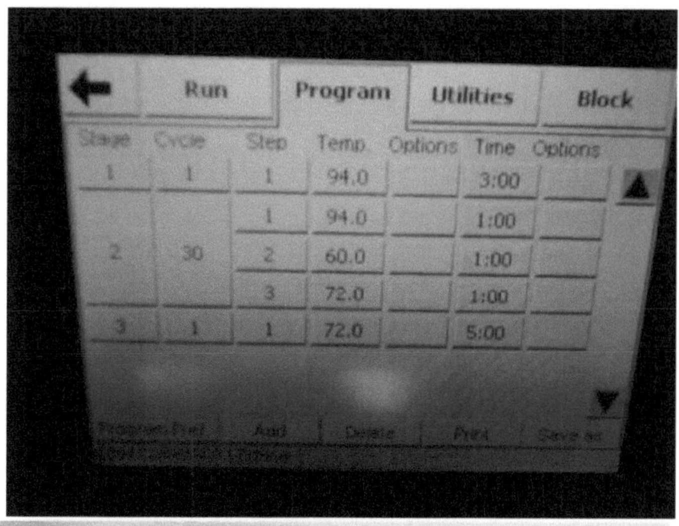

Figura (2-2) Programa dos ciclos de reação no aparelho termociclador

2.2.4.3.2.4. Deteção do produto da PCR por eletroforese em gel de agarose

Os produtos da PCR foram visualizados em gel de agarose a 1%, preparado como descrito acima, contendo 0,5µi /ml de brometo de etídio (Sigma-Aldrich, Reino Unido) em tampão TBE, num aparelho de eletroforese em gel (Cleaver, Reino Unido), como nos passos seguintes:

1. As barragens de vazamento foram colocadas em cada extremidade do tabuleiro e colocadas numa superfície plana. Os diques devem ser colocados de modo a que não haja qualquer espaço entre os lados do tabuleiro e a ranhura nos diques.

Isto assegurará que não há possibilidade de fuga de gel.

2. O(s) pente(s) foi(ram) colocado(s) nas ranhuras. Cada tabuleiro tem mais do que uma ranhura de pente para que possam ser utilizados vários pentes. A utilização de vários pentes aumenta o número de amostras disponíveis por gel, mas diminui a duração da corrida e é necessário ter cuidado para garantir que as amostras dos primeiros poços não migram para as pistas dos poços do segundo pente.
3. A agarose foi vertida no tabuleiro com cuidado para não criar bolhas. As bolhas que surgirem podem ser alisadas até ao bordo do gel e dispersas com uma ponta de pipeta.
4. A agarose foi deixada a solidificar, assegurando que o gel não era perturbado
5. As comportas de moldagem do gel e o pente foram cuidadosamente removidos e o tabuleiro de inclusão do gel foi transferido para o tanque principal.

6. A unidade foi enchida até 5 mm acima do gel com tampão TBE até o gel ficar inundado de tampão. Este procedimento permite obter tempos de resolução mais rápidos e uma melhor qualidade de resolução das amostras,
7. As amostras foram introduzidas nos testículos com pipetas multicanais.
8. A tampa foi cuidadosamente colocada no tanque e ligada a uma fonte de alimentação.
9. No entanto, é de notar que tensões mais elevadas dão geralmente uma resolução mais rápida mas de menor qualidade das amostras.
10. O gel foi transferido para um transiluminador UV (Cleaver scientific LtD, UK).
11. As amostras foram visualizadas utilizando este transiluminador UV e as imagens das bandas foram obtidas utilizando uma câmara digital.

2.2.5. Análise estatística dos dados

A sensibilidade, a especificidade, o valor preditivo positivo (VPP) e o valor preditivo negativo (VPN) do teste MRSA HiCrome MeReSa em ágar (direto e subcultura) foram calculados comparando os resultados destes protocolos de cultura com os resultados do teste OX, FOX e ME DD e confirmados com o ensaio PCR.
A ferramenta de análise de dados do Microsoft Excel foi utilizada para comparar se existe uma diferença entre o ágar HiCrome MeReSa, o ensaio PCR e o resultado do teste DD. Além disso, a análise foi efectuada através da apresentação gráfica dos dados utilizando gráficos de colunas e de linhas.

2.2.6. Fluxograma explicativo do trabalho experimental

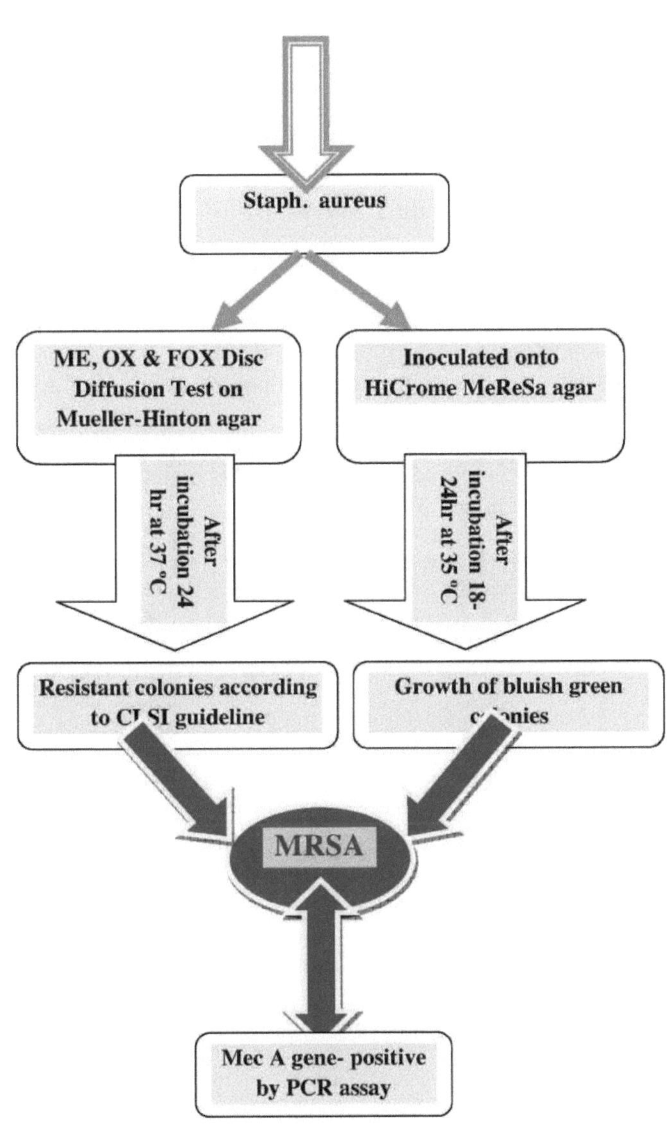

Staph. aureus
ME, OX & FOX Disc Diffusion Test on Mueller-Hinton agar
Inoculated onto HiCrome MeReSa agar
After incubation 24 hr at 37°C
After incubation 18-24hr at 35°C
Resistant colonies according to CLSI guideline
Growth of bluish green colonies
MRSA
Mec A gene- positive by PCR assay

CAPÍTULO TRÊS

Resultados e discussão

3.1. Isolamento e identificação de *S. aureus*

De acordo com as técnicas convencionais de todas as zaragatoas nasais e ambientais que foram cultivadas em ágar de sal de manitol, as colónias predominantes que mostraram fermentação de manitol foram selecionadas como S. *aureus* presuntivo (Figura 3-1). Eventualmente, foram confirmadas através da utilização de testes culturais e bioquímicos padrão, tais como coagulase, catalase, testes API Staph (Figura 3-2) e outros.

Das 296 amostras (232 zaragatoas nasais e 64 zaragatoas ambientais), 192 (64,8%) foram identificadas como Staphylococcus *aureus*, das quais 150 (64,6%) de doentes e 42 (65,6%) de ambiente (Quadro 3-1).

Figura 3 -1: Fermentação do manitol por um isolado de 5. *aureus*

Os resultados deste trabalho demonstraram uma elevada prevalência de S. *aureus* nos doentes e no ambiente hospitalar (64,8%).

Este resultado está de acordo com vários estudos que afirmam que o S. *aureus* é a espécie de estafilococos mais significativa do ponto de vista clínico e que se desenvolve comparativamente bem em condições de elevada pressão osmótica e baixa humidade, o que explica parcialmente a razão pela qual pode crescer e sobreviver nas secreções nasais e na pele. O transporte de *S. aureus* é geralmente mais elevado em doentes hospitalizados e as narinas anteriores são o local mais comum desta bactéria. Por conseguinte, tornou-se um importante agente patogénico associado a infecções hospitalares e adquiridas na comunidade (Tortora, et al., 1992; Wertheim, et al., 2005; Palavecino, 2007).

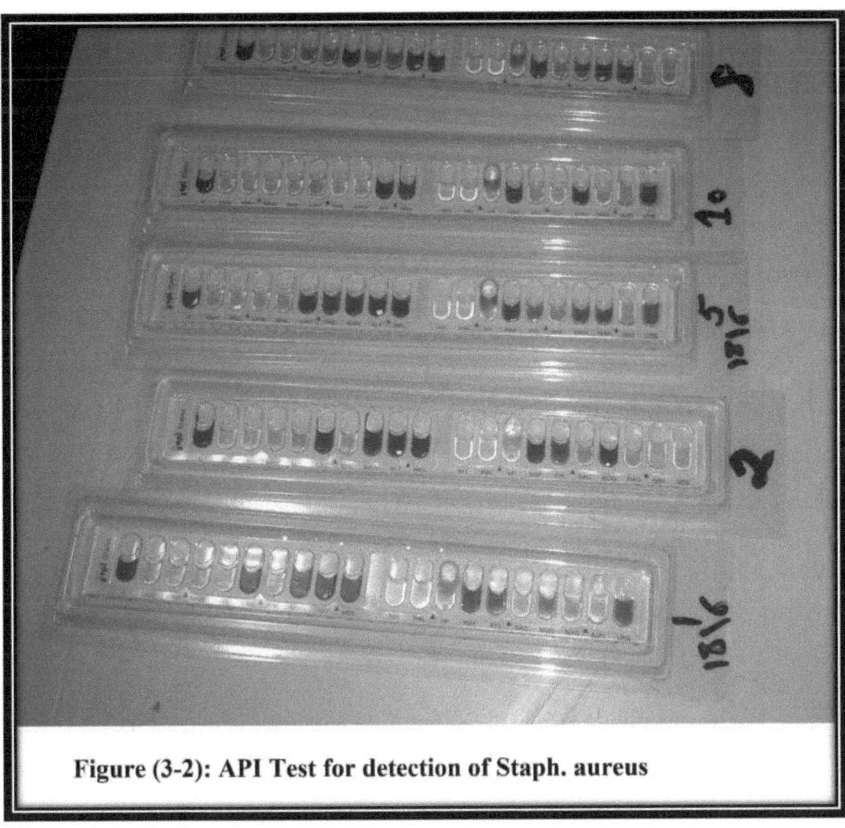

Figure (3-2): API Test for detection of Staph. aureus

Tabela 3-1. Número total de *Staphylococcus aureus* isolados de doentes e do ambiente hospitalar.

Samples source	Samples No.	S. aureus	
		No.	%
Patients	232	150	64.6
Hospital environment	64	42	65.6
Total	296	192	64.8

3.2. Deteção de MRSA

3.2.1. Deteção de MRSA por ensaio fenotípico

3.2.1.1. Método do ágar cromogénico (direto e subcultura)

A deteção de MRSA foi determinada por cultura direta de cada zaragatoa no ágar cromogénico (meio de ágar HiCrome MeReSa) e por subcultura dos isolados de *S. aureus* identificados do ágar de sal de manitol no ágar HiCrome MeReSa.

Todas as culturas que apresentavam um crescimento de cor verde-azulada foram consideradas como isolados positivos para MRSA e os resultados foram comparados com o teste de difusão em disco da cefoxitina, da oxacilina e da meticilina.

Dos 192 isolados de *S. aureus*, 126 (65,6%) eram MRSA, dos quais 100 (66,6%) e 26 (61,9%) provenientes dos doentes e do ambiente, respetivamente. A prevalência de MSSA foi de 66 (34,4%).

Os pormenores dos resultados são apresentados no Quadro 3-2 e nas Figuras 3-3,3-4,3-5.

Tabela 3-2. Frequência de MRSA e MSSA nos doentes e no ambiente hospitalar

Source of Isolates	Staph. aureus		MRSA		MSSA	
	NO.	%	NO.	%	NO.	%
Patients	150	64.6	100	66.6	50	33.3
Environment	42	65.6	26	61.9	16	38
Total	192	64.8	126	65.6	66	34.4

MRSA: *Staphylococcus aureus* resistente à meticilina MSSA: *Staphylococcus aureus* sensível à meticilina

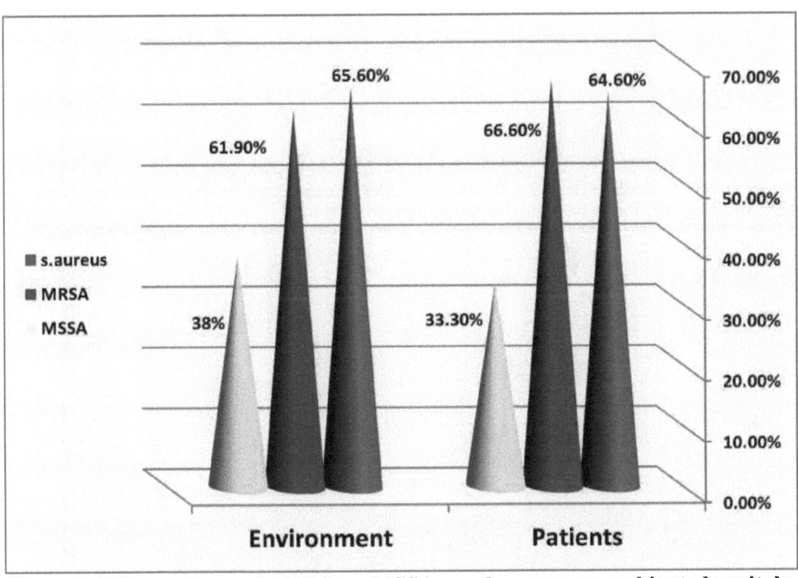

Figura 3-3. Percentagem de MRSA e MSSA nos doentes e no ambiente hospitalar

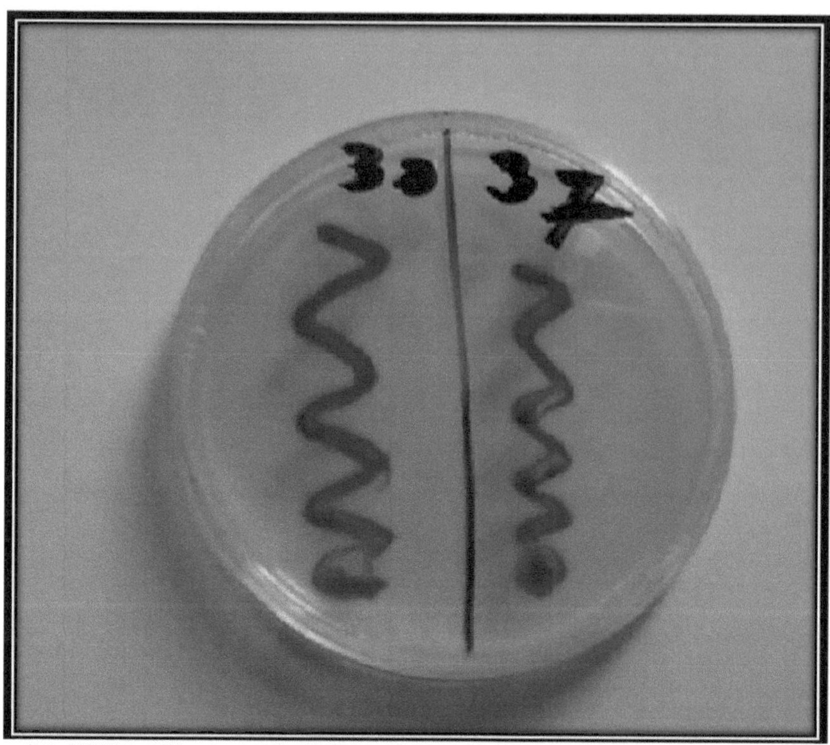

Figura 3-4. MRSA positivo em meio de ágar HiCrome MeReSa

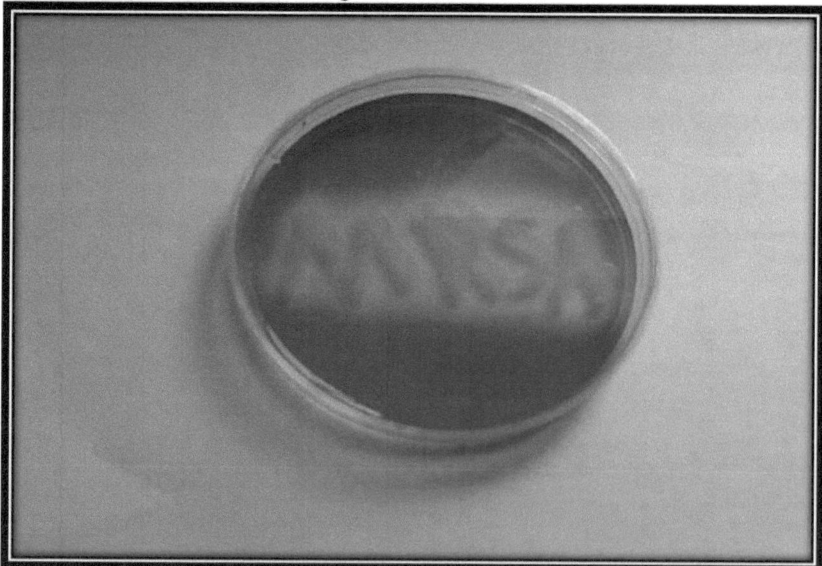

Figura 3-5.MRSApositivo em meio de Manito-IsaItagar

A cultura continua a ser um método comum e padrão para a deteção de MRSA (Harbarth, et al. 2011). No entanto, o meio de ágar cromogénico (ágar HiCrome MeReSa) foi utilizado neste estudo para o rastreio direto e em subcultura de MRSA. Continha substratos que mudam de cor na presença de MRSA (Figura 3-4).

A seletividade deste meio baseia-se na presença de uma mistura de antibióticos/antifúngicos e de uma concentração optimizada de sal (2.1.3.) que inibe o crescimento de leveduras e da maioria das bactérias gram positivas e gram negativas, com exceção do MRSA, e de um indicador que muda de cor devido aos subprodutos metabólicos do *S. aureus*.
A hidrólise do substrato e a oxidação do cromogénio formam um precipitado, que é ligado intracelularmente pela membrana plasmática e fornece uma cor específica, uma "impressão digital" bioquímica visual instantânea que é específica do organismo (HiMedia, Índia).

O crescimento na presença de meticilina (oxacilina/cefoxitina) para MRSA constitui um método alternativo para reconhecer a colonização e a resistência de MRSA (Diederen, et al.2005).

A utilização deste ágar permitiu a identificação de MRSA a partir de placas de isolamento primário em 24 horas ou em 48 horas após o enriquecimento, evitando a necessidade de testes bioquímicos adicionais (Malhotra-Kumar, 2008,2010; Wendtet al.2010;Alzaidi&Alsulami,2013).

Além disso, este método poupou tempo e dinheiro e forneceu resultados globais equivalentes aos resultados do método PCR (Wolk et al., 2009).
Neste estudo, foi estudada a prevalência de MRSA nos doentes e no ambiente das enfermarias de cirurgia. Foi identificado um total de 192 isolados de *S. aureus*. A prevalência de MRSA foi de 65,6% (126/192) entre os doentes, 66,6% (100/150) e no ambiente hospitalar 61,9% (26/42), respetivamente (Tabela 32).

Neste trabalho, a prevalência de MRSA foi de 42,5 (126/296) entre todas as amostras de doentes e ambiente, o que é inferior ao registado noutros estudos. Kateete et al., (2011) mostraram que a prevalência de MRSA nas enfermarias cirúrgicas de Kampala era de 100% e 46% entre S. *aureus*, (Perry et al, 2004) 78%, e (Nasser et al, 2010) 77,9% de todos os isolados de *S. aureus* em hospitais indianos. No entanto, o resultado deste estudo foi superior ao obtido por Al-Fuadi et al, (2010), que concluiu que 32,3% dos isolados clínicos de *S. aureus* em Al-Dewaniya /Iraque eram MRSA.

Os resultados do presente trabalho revelaram taxas mais elevadas em comparação com outros países, como a França com 14,5% (Lamy et al., 2012), Taiwan com 6,9% (Kang et al., 2012), Países Baixos com 3,1% (Wassenberg et al., 2012).

Na Europa Ocidental, a percentagem de MRSA entre os isolados clínicos de *S. aureus* variou entre 5% e 54%, mas foi limitada pelas diferentes metodologias utilizadas em vários estudos (Dulon et al., 2011).

Também Khadri & Alzohairy (2010) salientaram que os isolados de MRSA constituíam 54,2% de todos os isolados de *S. aureus* na Índia. Por outro lado, num estudo recente realizado no Egito, Bassyouni et al. (2012) comunicaram a deteção de 53% de MRSA entre os isolados clínicos de *S. aureus* estudados.

3.1.1.1. Método de difusão em disco

O teste de difusão em disco (DD) OX, FOX e ME foi utilizado para a deteção de MRSA entre os isolados de *S. aureus* que cresceram em ágar de sal de manitol a partir da mesma zaragatoa que foi cultivada em ágar HiCrome MeReSa (Figura 3-6A, B).

Como se pode ver nos quadros 3-3 e 4, os resultados mostraram que a taxa de deteção de MRSA nos doentes e no ambiente hospitalar através do teste DD foi de (100/150 e 26/42, respetivamente) e a prevalência foi de 42,5 (126/296) de todas as amostras e o tempo de notificação foi de 48 horas.

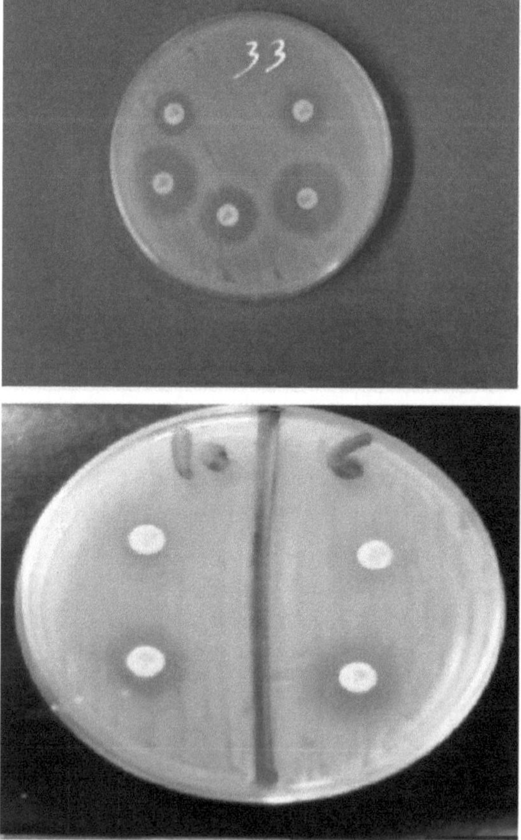

Figura 3-6 A, B. Padrões de resistência aos antibióticos de MRSA contra OX, FOX, AMP, AMOX e ME

Tabela 3- 3: Comparação da cultura direta, subcultura em ágar HiCrome MeReSa e teste OX, FOX, ME DD para a prevalência de MRSA (%) em todas as amostras.

Isolate source n =296	Staph. aureus	Ox, FOX, ME DD test (48 hr)		Direct culture on HiCrome (24hr)		Subculture on HiCrome(48 hr)	
		MRSA	MSSA	MRSA	MSSA	MRSA	MSSA
Patients n = 232	150	100	50	94	56	100	50
Environment n = 64	42	26	16	22	20	26	16
Prevalence %	64.8 (192/296)	42.5 (126/296)	22.3 (66/296)	39.1 (116/296)	25.7 (76/296)	42.5 (126/296)	22.3 (66/296)

OX: oxacilina FOX: cefoxitina ME: meticilina

Neste trabalho, cada isolado que pôde ser identificado como MRSA pelo teste DD foi confirmado por subcultura em meio de ágar HiCrome MeReSa (Figura 3-7). Os resultados demonstraram uma taxa de deteção semelhante de MRSA por subcultura em ágar HiCrome MeReSa em comparação com o teste DD Ox, FOX, Me em doentes e isolados ambientais (100/150 e 26/42, respetivamente) e a prevalência foi de 42,5 (126/296) de todas as amostras (Quadro 3-3).

Em contrapartida, a cultura direta em meio HiCrome revelou uma taxa de deteção de MRSA inferior nos doentes e no ambiente (94/150 e 22/42, respetivamente) e a prevalência foi de 39,1 (116/296) em comparação com os outros dois métodos. O MRSA- Select (HiCrome MeReSa Agar) utilizado neste estudo foi o protocolo mais rápido (24 horas) e mais específico (100%) para o rastreio de doentes e do ambiente. Este resultado foi semelhante ao registado por Kateete *et al* (2011) e Denys *et al* (2013).

3.1.1.2. Sensibilidade e especificidade dos testes fenotípicos:

Nas amostras de rastreio dos doentes, a sensibilidade, a especificidade, o valor preditivo positivo VPP e o valor preditivo negativo VPN entre a cultura direta em meio HiCrome Agar e o teste DD (OX, FOX e ME) foram de 94%, 100%, 100% e 95,6%, respetivamente, ao passo que nas amostras ambientais foram de 84,6%, 100%, 100% e 90,4%, respetivamente.

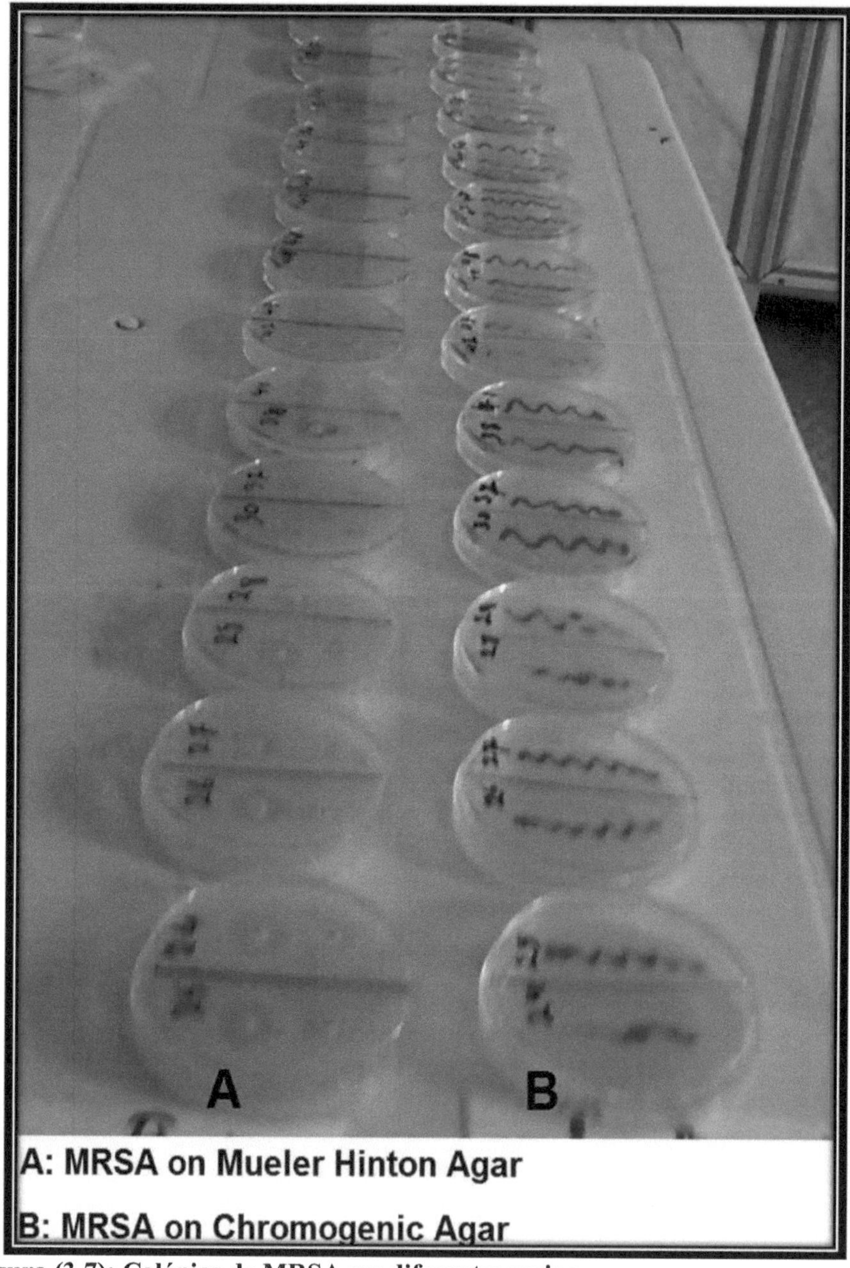

Figura (3-7): Colónias de MRSA em diferentes meios

Os resultados demonstraram uma sensibilidade e um VAL mais elevados nas amostras de doentes do que nas amostras ambientais, mas a mesma taxa de especificidade e de valor preditivo positivo VPP.

Em contrapartida, não foram observadas diferenças entre os resultados da subcultura em meio HiCrome Agar e o teste DD (OX, FOX e ME), que foram compatíveis em termos de sensibilidade, especificidade, VPP e VPN (Quadros 3-3, 4).

Quadro 3-4: Sensibilidade, especificidade, VPP e VPN da cultura direta e da subcultura em ágar HiCrome MeReSa e do teste de difusão em disco OX, FOX e ME

Test	Subculture on HiCrome MeReSa Agar and Oxacillin, Cefoxitin and Methicillin D D test					
Direct culture on HiCrome MeReSa Agar	Patients isolates			Environment isolates		
	Positive	Negative	Total	Positive	Negative	Total
Positive	94	0	94	22	0	22
Negative	6	132	138	4	38	42
Total	100	132	232	26	38	64
sensitivity	94%			84.6%		
specificity	100%			100%		
PPV	100%			100%		
NPV	95.6%			90.4%		

VPP: valor preditivo positivo, VPN: valor preditivo negativo
Sensibilidade=(verdadeiro^{+ve} / verdadeiro^{+ve} +falso^{-ve}) *100%
Especificidade=(verdadeiro^{-ve} / verdadeiro^{-ve} +falso^{+ve}) *100%
PPV=verdadeiro^{+ve} / verdadeiro^{+ve} +falso^{+ve}) *100%
VAL=verdadeiro^{-ve} / verdadeiro^{-ve} +falso^{-ve}) *100%

Embora a cultura direta no protocolo MRSA-Select tenha revelado uma sensibilidade ligeiramente baixa tanto na despistagem de doentes como na despistagem ambiental (94%, 84,6%, respetivamente), a subcultura de isolados de *S. aureus* do ágar de sal de manitol no meio de ágar HiCrome aumentou a taxa de deteção de MRSA de 94/150 para 100/150 e de 22/42 para 26/42, respetivamente. Este facto, por sua vez, aumentou a taxa de sensibilidade tanto nas amostras de doentes como nas amostras ambientais, embora o tempo de notificação pudesse ser atrasado até 48 horas (Quadros 3-3 e 4).

É provável que a etapa de pré-enriquecimento aumente o crescimento de MRSA com baixo nível de resistência (Lee et al, 2007; 2008).

A especificidade foi mais elevada em todos os protocolos de seleção de MRSA (100%), uma vez que não foi detectada qualquer amostra falsa positiva. A especificidade registada no presente estudo é superior à registada por James et al (2010).

Os resultados das tabelas 3-3,4 mostraram as fontes a partir das quais os isolados de MRSA foram isolados e as sensibilidades e especificidades relativas dos diferentes meios para diferentes fontes de amostras. Verificou-se uma pequena diferença na sensibilidade, especificidade, VPP e VPN entre os três métodos para o isolamento de MRSA a partir de zaragatoas nasais e zaragatoas de objectos ambientais (94, 84,6%; 100,100%; 100,100%; 95,6, 90,4%, respetivamente), o que está de acordo com os resultados de Hoecke, et al (2011).

O ágar cromogénico apresentou os melhores resultados globais para a deteção de MRSA em amostras nasais (Denys et al, 2013).

No entanto, o ágar cromogénico seletivo utilizado neste estudo gerou melhorias em relação aos meios de cultura de rotina (Quadro 3-4). Os ágares cromogénicos oferecem vantagens em termos de tempo de resposta (TAT), especificidade e sensibilidade em relação aos ágares convencionais (Peterson, et al, 2010; Snyder, et al, 2010; Harbarth, et al. 2011).

3.1.1.3. Teste de suscetibilidade aos antibióticos

Os padrões de suscetibilidade antimicrobiana (método Kirby-Bauer) dos isolados de MRSA contra 13 tipos diferentes de antibióticos estão resumidos na Tabela 3-5 e na Figura 3-8. Verificou-se que os padrões de resistência aos fármacos dos MRSA isolados de amostras clínicas eram altamente variáveis. Todas as 126 estirpes de MRSA selecionadas a partir de amostras nasais e de artigos ambientais eram resistentes à meticilina 5ug, oxacilina 1 Lig, cefoxitina 30 Lig, ampicilina 10ug e amoxicilina 10gg (100%). No MRSA dos doentes, a resistência à eritromicina 15 Lig, gentamicina 5 Lig, ciprofloxacina 5 Lig e meropenem 10 Lig foi de (66%, 44%, 42% e 40%, respetivamente), enquanto a resistência à tetraciclina 30 Lig, imipenem10 Lig, clindamicina 2 Lig e vancomicina 10 Lig foi relativamente baixa (30%, 26%, 26% e 12%, respetivamente).

Os resultados demonstraram a resistência do MRSA ambiental aos antibióticos: eritromicina, gentamicina, ciprofloxacina, meropenem, tetraciclina, imipenem, clindamicina e vancomicina (69,2%, 53,8%, 46,1%, 38,4%, 38,4%, 15,3%, 23% e 7,6%, respetivamente).

No entanto, uma taxa mais elevada de isolados de MRSA testados neste estudo foi registada como sensível à vancomicina.

Tabela 3- 5. Padrões de resistência aos antibióticos de MRSA

Antibiotic	Disc potency (µg)	MRSA of patients= 100		MRSA of hospital environment=26	
		Resist. No.	Resist. %	Resist. No.	Resist. %
Methicillin	5	100	100	26	100
Cefoxitin	30	100	100	26	100
Oxacillin	1	100	100	26	100
Ampicillin	10	100	100	26	100
Amoxicillin	10	100	100	26	100
Imipenem	10	26	26	4	15.3
Meropenem	10	40	40	10	38.4
Erythromycin	15	66	66	18	69.2
Gentamycin	5	44	44	14	53.8
Tetracycline	30	30	30	10	38.4
Ciprofloxacin	5	42	42	12	46.1
Vancomycin	10	12	12	2	7.6
Clindamycin	2	26	26	6	23

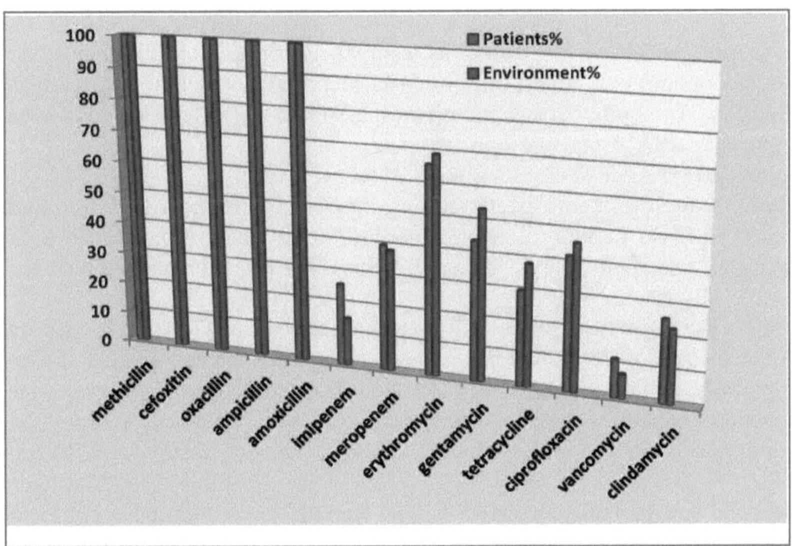

Figura 3-8. Padrões de resistência aos antibióticos de MRSA

Os resultados apresentados no Quadro 3-5 e na Figura 3-8 demonstraram que todos os MRSA (provenientes de doentes e do ambiente) eram multirresistentes (MDR) e altamente resistentes (100%) aos antibióticos beta-lactâmicos: oxacilina, cefoxitina, meticilina, ampicilina e amoxicilina, seguidos de outros antibióticos: eritromicina, gentamicina, ciprofloxacina, meropenem, tetraciclina e (imipenem, clindamicina), que apresentaram taxas de resistência de 66%, 44%, 42%, 40%, 30%, 26%, 26%, respetivamente, mas apresentaram uma resistência muito inferior à vancomicina. A elevada resistência aos antibióticos betalactâmicos pode ser atribuída à hiperprodução de betalactamases e à baixa afinidade da proteína 2a de ligação à penicilina codificada pelo gene mecA. Por conseguinte, nenhum dos antibióticos beta-lactâmicos geralmente utilizados no tratamento empírico de primeira linha para infecções graves é eficaz nas infecções por MRSA. (Ausubel et al, 1996; Mariana et al, 2001).

As bactérias que já foram susceptíveis a um antibiótico podem adquirir resistência através da mutação do seu material genético ou da aquisição de pedaços de ADN que codificam as propriedades de resistência de outras bactérias (CDC, 2010).

Os isolados de MRSA são resistentes a todos os antibióticos beta-lactâmicos, no entanto, a resistência do MRSA ao meropenem e ao imipenem foi inferior à dos outros betalactâmicos utilizados no presente estudo, tanto nos doentes como nos isolados do ambiente. Por outro lado, o MRSA demonstrou uma resistência muito baixa (12% e 7,6%) à vancomicina (Quadro 3-5).

Este resultado está de acordo com vários estudos que referem que a vancomicina é um antimicrobiano do grupo dos glicopeptídeos, que tem sido a base do tratamento de infecções graves por MRSA e que todas as estirpes de MRSA continuam a ser susceptíveis aos glicopeptídeos, sendo estes agentes recomendados como alternativas de primeira escolha. Também para o tratamento empírico de infecções invasivas suspeitas em que o MRSA é considerado um potencial agente causador (Gould, et al.,2009;Liu, et al., 2011; Ager & Gould, 2012).

A vancomicina inibe o crescimento bacteriano ao ligar-se à extremidade C terminal dos precursores tardios do peptidoglicano, impedindo a formação efectiva de uma parede celular bacteriana, pelo que o MRSA é sensível a este tipo de antibióticos (Courvalin, 2006).

De acordo com o CLSI, (2011) Tabela 2C, o teste de disco de 30 microgramas de vancomicina detecta os isolados de *Staph. aureus* resistentes à vancomicina. Esses isolados não mostrarão qualquer zona de inibição à volta do disco (zona = 6 mm), mas os estafilococos que produzam zonas de vancomicina iguais ou superiores a 7 mm não devem ser comunicados como susceptíveis sem realizar um teste de CIM da vancomicina.

A baixa resistência dos isolados de MRSA dos doentes e do ambiente contra a vancomicina, a clindamicina e a tetraciclina, em comparação com outros antibióticos, foi utilizada neste estudo como recomendação para a utilização destes antibióticos no tratamento do MRSA.

3.1.1.4. Transporte nasal de MRSA e variáveis demográficas

Os resultados da Tabela 3-6 demonstraram a relação entre MRSA e as variáveis demográficas dos pacientes. Foram estudados setenta e dois indivíduos do sexo feminino e cento e sessenta do sexo masculino.

Os resultados mostraram uma prevalência elevada de MRSA entre os homens do que entre as mulheres (70% e 30%, respetivamente), e o máximo de isolados de MRSA foi encontrado no grupo etário 21-41 anos (36%) e o mínimo de MRSA no grupo etário 1-20 anos (12%).

Tabela 3-6. Transporte nasal de MRSA e variáveis demográficas entre pacientes com MRSA

Variable	total n=232	S. aureus n=150		MRSA n=100		MSSA n=50	
		NO.	%	NO.	%	NO.	%
Gender							
Female	72	52	34.6	30	30	22	44
Male	160	98	65.4	70	70	28	56
Age/year							
1-20	36	22	14.7	12	12	10	20
21-41	112	70	46.7	36	36	34	68
42-62	48	32	21.3	28	28	4	8
>62	36	26	17.3	24	24	2	4

Quanto à prevalência de MRSA em relação ao grupo etário, a taxa mais baixa (12%) foi observada no grupo etário 1-20 anos, enquanto a taxa mais elevada (36%) foi observada no grupo etário 21-41 anos, o que provavelmente reflecte o facto de as pessoas neste grupo etário estarem mais envolvidas em diferentes actividades de vida (Quadro 3-6 e Figura 3-9).

Os resultados demonstraram uma maior prevalência de MRSA nos homens (70%) do que nas mulheres (30%), o que é diferente do que foi referido por (Kang et al, 2012), que constatou que 68,4% das mulheres e 52,6% do grupo etário dos 30-59 anos.

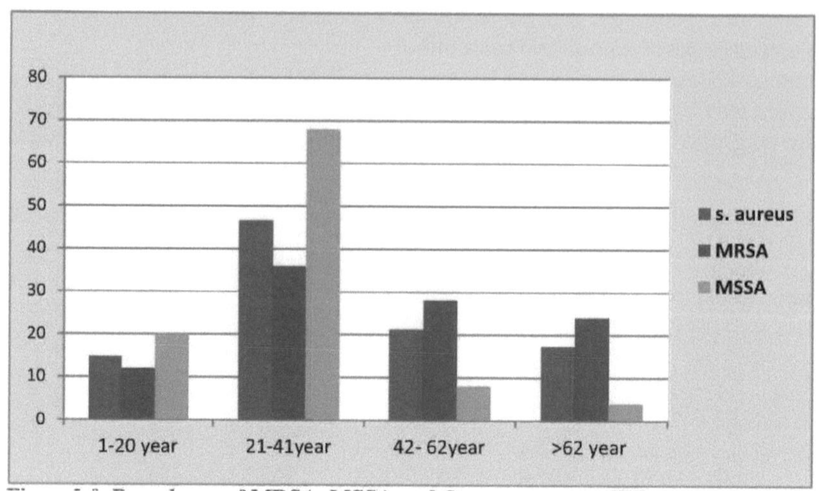

Figura 3-9. Prevalência de MRSA, MSSA e *S.aureus* em diferentes grupos etários.

3.1.1.5. Variáveis de transporte nasal de MRSA e historial médico

Os resultados da Tabela 3-7 mostram que a taxa de transporte nasal de MRSA entre as doenças crónicas prévias foi mais elevada (23,2%) do que entre as doenças não crónicas prévias (19,8%). Este resultado do presente estudo está de acordo com outro estudo publicado nos EUA (Johnson et al., 2009).

Além disso, este resultado demonstrou uma taxa elevada (26,7%) de transporte nasal de MRSA entre os doentes com utilização prévia de antibióticos, contra 16,3% nos doentes sem utilização prévia (David et al. 2010; Lipskyet al.2010;CDC, 2012).

Num estudo anterior da OMS (2002), foi referido que a utilização generalizada de antibióticos, tanto dentro como fora da medicina, está a desempenhar um papel significativo no aparecimento de bactérias resistentes. O principal problema do aparecimento de bactérias resistentes deve-se à utilização incorrecta e excessiva de antibióticos por parte dos médicos e dos doentes (Goossens et al. 2005).

A utilização doméstica de antibacterianos em sabonetes e outros produtos, embora não contribua claramente para a resistência, é também desaconselhada (CDC, 2009). Também as práticas pouco corretas na indústria farmacêutica podem contribuir para a probabilidade de criar estirpes resistentes aos antibióticos (Larsson, et al, 2009).

Os antibióticos são frequentemente utilizados na criação de animais para fins alimentares e esta utilização, entre outras, leva à criação de estirpes resistentes de bactérias. Em alguns países, os antibióticos são vendidos sem receita médica, o que também leva à criação de estirpes resistentes. Outras práticas que contribuem para a resistência incluem a adição de antibióticos à alimentação do gado (Dan, 2002; Mathew, et al. 2007).

Os medicamentos são utilizados em animais que servem de alimento humano, como vacas, galinhas, peixes, porcos, etc., e estes medicamentos podem afetar a segurança da carne, do leite e dos ovos produzidos por esses animais e podem ser a fonte de superbactérias. Por exemplo, acredita-se que os animais de criação, especialmente os porcos, podem infetar as pessoas com MRSA (Girou, et al. 2006).

As bactérias resistentes nos animais devido à exposição a antibióticos podem ser transmitidas aos seres humanos através de três vias, nomeadamente através do consumo de carne, do contacto próximo ou direto com os animais ou através do ambiente (Swoboda ,et al 2004; Schneider e Garrett , 2009).

Certas classes de antibióticos estão altamente associadas à colonização por superbactérias em comparação com outras classes de antibióticos. No caso do MRSA, observa-se um aumento das taxas de infecções por MRSA com glicopeptídeos, cefalosporinas e, especialmente, quinolonas (Muto, et al., 2003; Tacconelli, et al., 2008).

O volume de antibióticos prescritos é o principal fator no aumento das taxas de resistência bacteriana e não a adesão aos antibióticos. Uma única dose de antibióticos leva a um maior risco de organismos resistentes a esse antibiótico na pessoa durante um ano (Pechere, et al. 2007).

A prescrição inadequada de antibióticos tem sido atribuída a uma série de causas, incluindo: pessoas que insistem em tomar antibióticos, médicos que não sabem quando devem prescrever antibióticos ou que são demasiado cautelosos por razões médicas legais (Arnold e Straus, 2005).

Algumas pessoas acreditam que os antibióticos são eficazes para a constipação comum e 22% das pessoas não terminam um curso de antibióticos principalmente devido ao facto de se sentirem melhor, variando entre 10% e 44%, dependendo do país (Pechere, 2001; Pechereet al. 2007; McNulty et al. 2007).

Concentrações de antibióticos abaixo do ideal em pessoas gravemente doentes aumentam a frequência de organismos resistentes a antibióticos. Embora a toma de doses de antibióticos inferiores às recomendadas possa aumentar as taxas de resistência, o encurtamento do ciclo de antibióticos pode efetivamente diminuir as taxas de resistência (Thomas, et al. 1998; Kardas, 2007; Li JZ, et al. 2007).

Tabela (3-7): Variáveis de transporte nasal de MRSA e histórico médico entre os pacientes.

Variable	total No. n=232	MRSA n=100	
		No.	%
Previous admission to the hospital			
Yes	29	16	6.8
No	203	84	36.2
Don't know	---	---	---
Previous use of antibiotic			
Yes	97	62	**26.7**
No	135	38	**16.3**
Don't know	---	---	---
Previous infection with MRSA			
Yes	---	---	---
No	11	3	1.3
Don't know	221	97	41.8
Previous admission for surgical operation			
Yes	18	7	3
No	214	93	40
Don't know	---	---	---
Previous chronic disease diagnosis			
Yes	73	54	**23.2**
No	159	46	**19.8**
Don't know	---	---	---

Por outro lado, estes resultados indicam que não existe associação entre o transporte nasal de MRSA entre os doentes e a admissão prévia no hospital ou a sua admissão prévia para intervenção cirúrgica.

É de salientar que o nosso trabalho foi o primeiro na cidade de Nasiriyah que investigou e estudou a prevalência de MRSA entre os doentes, tendo-se observado a falta de cultura médica para o MRSA quando se perguntou aos doentes sobre a infeção anterior com MRSA e a taxa mais elevada de 221 de 232 doentes respondeu" não sei" (Quadro 3-7).

3.1.2. Confirmação de MRSA por ensaio genotípico

3.1.2.1. Extração e eletroforese de ADN genómico de MRSA

O ADN genómico de 38 isolados de MRSA selecionados (12, 13, 17, 20, 21, 22, 25, 30, 34, 36, 37, 42, 43, 49, 52, 57, 60, 63, 68, 76, 77, 81, 83, 85, 89, 90, 91, 92, 95, 97, 98, 100, 102, 113, 116, 117, 123, 126) foi extraído com um kit de extração de ADN da Geneaid, Coreia (2.2.4.3.1.) e subsequentemente confirmado por eletroforese em gel de agarose.

Os resultados da eletroforese em gel mostraram a presença de uma banda brilhante relativa ao ADN de cada isolado de MRSA utilizando um transiluminador UV (Figura 3-10).

ADN genómico

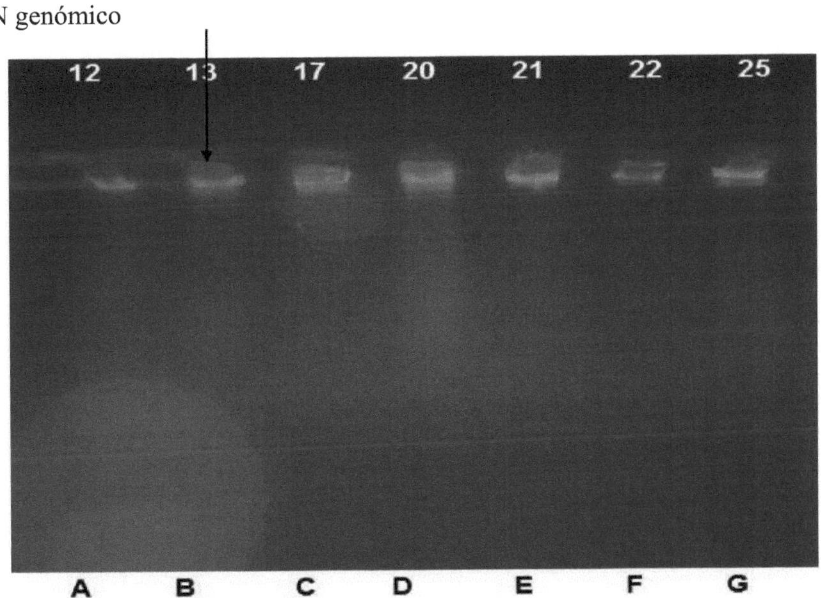

Figura (3-10): Eletroforese em gel de agarose do ADN genómico de isolados de MRSA

Pista A: isolado de MRSA número 12

Pista B: isolado MRSA número 13

Faixa C: Isolado de MRSA número 17

Faixa D: Isolado MRSA número 20

Pista E: isolado MRSA número 21

Faixa F: Isolado de MRSA número 22

Faixa G: Isolado de MRSA número 25

3.2.2. 2. Deteção do gene mecA

Para confirmar a resistência à meticilina nos isolados de MRSA a nível molecular, foi testada a presença do gene *mecA* nos isolados que apresentaram o nível mais elevado de resistência à meticilina, à oxacilina e à cefoxitina.

O ADN genómico de isolados selecionados de MRSA, preparado conforme descrito acima, foi utilizado como modelo para a amplificação de um fragmento de ADN de 533 pb do gene *mecA*.

Foi estabelecido um volume de 20ul de mistura de reação e um programa de ciclos de reação, tal como descrito em (2.2.4.3.2.2.) e (2.2.4.3.2.3). Foi utilizado um controlo negativo para confirmar a ausência do gene *mecA*.

Os resultados deste ensaio demonstraram que todos os isolados de MRSA selecionados para a deteção do gene *mecA* revelaram a presença de bandas amplificadas deste gene, enquanto *o gene mecA* nunca *foi* detectado no caso do isolado de MSSA do controlo negativo (Figura 3-11).

A deteção confirmatória do gene *mecA* por ensaio de PCR em todos os isolados de MRSA que foram detectados por testes fenotípicos (ágar HiCrome MeReSa, testes DD para a meticilina, oxacilina e cefoxitina) indicou que estes testes eram fiáveis e precisos para a deteção de isolados de MRSA.

A maioria dos métodos moleculares para a identificação de *S. aureus* e MRSA tem-se baseado na PCR. Os métodos de PCR são atualmente utilizados de forma extensiva para confirmar a presença dos determinantes genéticos da resistência à meticilina (gene *mecA*) em *S. aureus* (Oliveira e de Lencastre, 2002).

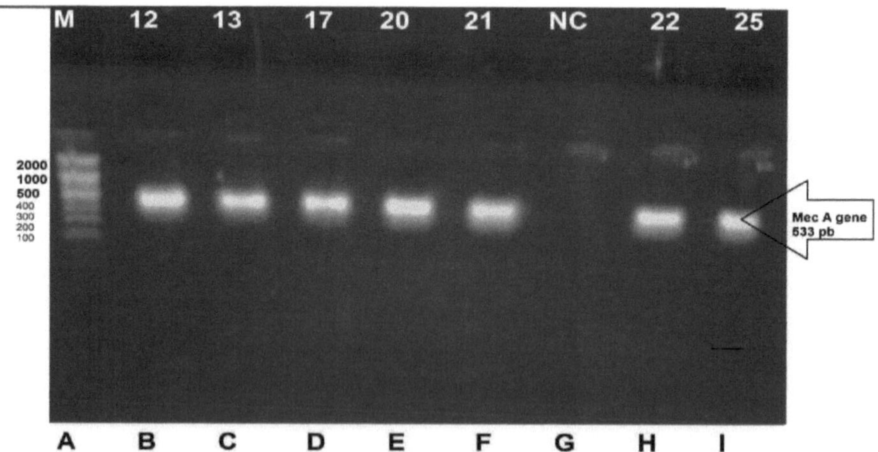

Figura (3-11). Eletroforese em gel de agarose da amplificação do gene mecA por produtos de PCR de isolados de MRSALinha A: Escada de ADN (os tamanhos das bandas são 100, 200, 300,400, **500, 1000, 2000 pb)**

Pista B: isolado de MRSA número 12

Pista C: isolado MRSA número 13

Faixa D: Isolado MRSA número 17

Pista E: isolado MRSA número 20

Faixa F: Isolado MRSA número 21

Faixa G: Controlo negativo

Pista H: isolado de MRSA número 22

Pista I: Isolado de MRSA número 25

3.2.2.3. Sensibilidade e VPP do teste genotípico

Os resultados da PCR no presente trabalho demonstraram uma elevada sensibilidade (100%) e um elevado valor preditivo positivo VPP (100%).

Estes resultados correspondem a vários estudos recentes que referem que a sensibilidade da PCR comercial varia entre 95 e 100% (Wren et al. 2006; Bishop et al. 2006; Gronbner et al. 2009; El Karamany et al. 2013), enquanto a especificidade e o valor preditivo negativo do ensaio de PCR não podem ser estimados porque as amostras verdadeiramente negativas não podem ser calculadas quando se utilizam isolados selectivos de MRSA (Quadro 3-8).

Tabela 3-8. Sensibilidade e valor preditivo positivo VPP estimados com ambas as técnicas (Agar HiCrome MeReSa e teste de difusão em disco OX, FOX, ME) e PCR

Test	HiCrome MeReSa Agar and (Oxacillin, Cefoxitin and Methicillin) D D test		
PCR technique (mecA gene)	Positive	Negative	Total
Positive	38	0	38
Negative	0	0	0
Total	38	0	38
sensitivity	100%		
specificity	–		
PPV	100%		
NPV	–		

A técnica de PCR é um método rápido e fiável para identificar isolados de MRSA e é totalmente consistente com os resultados obtidos através de métodos convencionais de identificação (Boyce e Havill.2008; Tacconelli, et al.2009). Por conseguinte, a resistência à meticilina em isolados de MRSA foi confirmada pela amplificação por PCR de um fragmento de 533 pb do gene mecA em 38 isolados de MRSA.

CAPÍTULO QUATRO

4. Conclusões e recomendações

4.1. Conclusões:

1. Foi encontrada uma elevada prevalência de HA-MRSA. Tal como indicado pela elevada taxa de isolamento entre todos os isolados de *S. aureus* recuperados de amostras clínicas de doentes e do ambiente hospitalar.

2. O MRSA tem uma prevalência mais elevada nos doentes e no ambiente hospitalar de todas as amostras do que o MSSA.

3. O meio cromogénico para o rastreio de MRSA demonstrou uma maior sensibilidade e especificidade para a deteção de isolados de colonização nasal e de ambiente hospitalar de MRSA, em particular por subcultura, e proporcionou um menor tempo (24 horas) na geração de resultados positivos e negativos.

4. Todos os doentes positivos para MRSA por métodos convencionais foram definidos como positivos também pelo método cromogénico. Estes resultados aumentam a confiança no facto de a metodologia cromogénica ser adequada para o rastreio direto de amostras de colonização por MRSA sem quaisquer passos prévios de isolamento.

5. Todos os isolados de MRSA são multirresistentes (MDR) e altamente resistentes aos antibióticos beta-lactâmicos: oxacilina, cefoxitina, meticilina, ampicilina e amoxicilina e baixa resistência à vancomicina, à clindamicina e à tetraciclina, em comparação com outros antibióticos utilizados neste estudo.

6. O teste genotípico utilizando o ensaio de PCR mostrou a presença do gene de resistência à meticilina (gene *mecA*) em todos os MDR-MRSA selecionados que foram testados por testes fenotípicos (meio cromogénico e testes DD), indicando que estes testes eram fiáveis e precisos para a deteção do isolado de MRSA.

7. A taxa mais baixa foi registada no grupo etário 1-20 anos, enquanto a taxa mais elevada foi registada no grupo etário 21-41 anos. A prevalência de MRSA é também mais elevada nos homens do que nas mulheres.

8. O presente trabalho mostrou que a taxa de transporte nasal de MRSA entre as doenças crónicas prévias foi superior à das doenças crónicas não prévias, tendo também demonstrado uma taxa elevada de transporte nasal de MRSA entre os doentes com utilização prévia de antibióticos em comparação com os que não utilizaram anteriormente.

4.2. Recomendações:

1. O rastreio do MRSA é necessário aquando da admissão no hospital para os doentes de alto risco, tais como os doentes com antecedentes de doenças crónicas, intervenções cirúrgicas e os doentes admitidos na unidade de cuidados intensivos (UCI).
2. A utilização da cultura direta em ágar cromogénico e da PCR nos testes de rotina é a ferramenta básica para prevenir a propagação nosocomial de MRSA, porque o meio cromogénico MRSA-Select utilizado neste estudo foi o protocolo mais rápido (24 horas) e mais específico (100%) para amostras de rastreio de doentes e do ambiente, o que contribui para reduzir o custo e o tempo de tratamento dos doentes.
3. A utilização de uma deteção mais rápida e direta de MRSA a partir de amostras clínicas como as narinas, a pele ou os tecidos moles para fins de diagnóstico pode contribuir para a redução das taxas de morbilidade e mortalidade.
4. Evitar a utilização de antibióticos desnecessários diminuiria potencialmente a resistência aos antibióticos e contribuiria para reduzir o tempo de internamento dos doentes e os custos hospitalares.
5. Dada a baixa resistência dos isolados de MRSA dos doentes e do meio ambiente à vancomicina, à clindamicina e à tetraciclina, em comparação com outros antibióticos utilizados neste estudo, pode recomendar-se a utilização destes antibióticos para o tratamento do MRSA e a utilização de sabão e pomada antigermes em todos os doentes da UCI e nos profissionais de saúde pode reduzir a presença de MRSA.
6. Os antibióticos beta-lactâmicos e as suas combinações não devem ser prescritos para o tratamento do MRSA.
7. É necessária uma educação popular para a saúde sobre o risco de MRSA através de seminários, cartazes e programas nos meios de comunicação social e é muito necessária a conjugação de esforços nacionais e internacionais para controlar a propagação da resistência aos antibióticos entre os agentes patogénicos bacterianos.
8. A determinação do polimorfismo da sequência do espagénio que codifica a proteína de superfície estafilocócica A (tipagem da sequência spa) é necessária para todos os isolados de MRSA neste estudo, a fim de elucidar a disseminação (inter)nacional de clones de MRSA.

Referências:

Ager, S. e Gould, K. (2012). Atualização clínica da linezolida no tratamento de infecções bacterianas gram positivas. Infect Drug Resist, 5: 87-102.

Ahlstrom, Dick (2011). Nova estirpe de superbactéria MRSA descoberta em hospitais de Dublin. The Irish Times.

Albrich W e Harbarth S. (2008). Profissionais de saúde: fonte, vetor ou vítima de MRSA? Lancet Infect Dis. 8:289-301.

Al-Fuadi, A.H, NaherH.S, Al-Charrakh, A.H (2010). Fenotípico e genotípico (mecA gen) de isolados de *Staphylococcus aureus* resistentes à meticilina (MRSA) na cidade de Dewaniya. Universidade da Babilónia, Faculdade de Medicina.

Al-Zaidi, J. R. e Al-Sulami, A. A. (2013). Comparação do meio de ágar cromogénico e do teste de difusão em disco para a deteção de *Staphylococcus aureus* resistente à meticilina adquirida no hospital (HA-MRSA) em doentes e no ambiente hospitalar na cidade de Nasiriyah, Iraque. Afr. J. Microbiol Rec. Vol. 7(19): 1888-1895.

Arbefeville, S., Zhang, K., Kroeger, J. (2011). Prevalência e relação genética de isolados de *Staphylococcus aureus* susceptíveis à meticilina detectados pelo ensaio nasal Xpert MRSA. J ClinMicrobiol, 49(8), 2996- 2999.

Arnold SR, Straus SE (2005). Intervenções para melhorar as práticas de prescrição de antibióticos em cuidados ambulatórios. Base de dados Cochrane Syst Rev (4): CD003539.

Ausubel FM, Brent R, Kingston RE, Moore DD, Seidman JG, Smith JA, Struhl K(1996). Protocolos actuais em biologia molecular. (John Wiley & Sons, Inc. New York, N.Y).

Baba, T., T. Bae, O. Schneewind, F. Takeuchi e K. Hiramatsu (2008). Sequência do genoma de *Staphylococcus aureus* estirpe Newman e análise comparativa de genomas estafilocócicos: polimorfismo e evolução de duas ilhas de patogenicidade principais. J Bacteriol 190(1): 300-310.

Bannerman, T.L., (2003).*Staphylococcus, Micrococcus,* and other catalasepositive cocci that grow aerobically.In Manual of Clinical Microbiology, P.R. Murray, et al., Editors, ASM Press: Washington. p. 384-404.

Bassetti M, Trecarichi EM, Mesini A, Spanu T, Giacobbe DR, Rossi M, ShenoneE,Pascale GD, Molinari MP. (2011). Factores de risco e mortalidade da bacteriemia por *Staphylococcus aureus* associada aos cuidados de saúde e adquirida na comunidade. ClinMicrobiol Infect.

Bassyouni H, Kamel Z, Megahid A, Samir E (2012). Potencial antimicrobiano do alcaçuz: Folhas versus raízes. Afr. J. Microbiol. Res. 6(49): 7485-7493.

Berger-Bachi, B. e RohrerS. (2002). Factores que influenciam a resistência à meticilina em estafilococos. Arch Microbiol 178(3): 165-71.

Bhakdi, S., e Tranum-JensenJ. (1991). Alfa-toxina de *Staphylococcus aureus*. Microbiol Rev 55:733-751.

Bisdorff, B., Scholholter, J. L., ClauBen, K., Pulz, M., Nowak, D. & Radon, K. (2011). MRSAST398 em criadores de gado e residentes vizinhos numa zona rural da Alemanha.Epidemiol Infect http:/dx.doi.org/

Bishop, E.J., Grabsch, E.A., Ballard, S.A. (2006).A análise simultânea de amostras de zaragatoas do nariz e da virilha pelo ensaio de PCR IDI-MRSA é comparável à análise por PCR de amostras individuais e ensaios de cultura de rotina para deteção de colonização por *Staphylococcus aureus* resistente à meticilina. J. Clin. Microbiol. 44:2904-2908.

Bocher, S., Smyth, R., Kahlmeter, G., (2008). Avaliação de quatro ágares selectivos e dois caldos de enriquecimento no rastreio de *Staphylococcus aureus* resistente à meticilina. J ClinMicrobiol,46(9), 3136-3138.

Bode LG, Kluytmans JA, Wertheim HF, Bogaers D, Vandenbroucke-Grauls CM (2010). Prevenção de infecções do local da cirurgia em portadores nasais de Staphylococcus aureus. The New England journal of medicine 362: 9-17.

Boyce, J. M., e N. L. Havill (2008). Comparação da PCR de *Staphylococcus aureus* resistente à meticilina (MRSA) BD GeneOhm com o ensaio CHROMagar para o rastreio de doentes quanto à presença de estirpes de MRSA. J. Clin. Microbiol.46:350-351.

Bratu S, Eramo A, Kopec R, (2005). "Staphylococcus aureus resistente à meticilina associado à comunidade em berçários hospitalares e unidades de maternidade". Emerging Infect. Dis. 11 (6): 808-813.

Brooks G.F, Karen C.C, Janet S.B. e Stephen A.M (2011). Microbiologia Médica. Jawetz, Melnick, &Adelberg,A vigésima quinta edição . McGraw -Hill companies.

Brown, D. F., et al. (2005). Diretrizes para o diagnóstico laboratorial e o teste de suscetibilidade do *Staphylococcus aureus* resistente à meticilina (MRSA). J AntimicrobChemother 56(6): 1000-1018.

Burdette SD, Watkins RR, Wong KK, Mathew SD, Martin DJ, Markert RJ (2012). Piomiosite por *Staphylococcus aureus* comparada com *piomiosite por Staphylococcus aureus não* . J Infect. 64: 507-512.

Calfee DP (2011). A epidemiologia, o tratamento e a prevenção da transmissão de Staphylococcus aureus resistente à meticilina. J InfusNurs 34 (6): 35964.

Cameron, D. R., Howden, B. P. &Peleg, A. Y. (2011). A interface entre a resistência aos antibióticos e a virulência em *Staphylococcus aureus* e o seu impacto nos resultados clínicos. Clin Infect Dis53, 576-582.

Cavassini, M., Wenger, A., Jaton, K., et al. (1999). Avaliação do MRSA-screen, um kit simples de aglutinação em lâmina de látex anti-PBP 2a, para a deteção rápida da resistência à meticilina em *Staphylococcus aureus*. J ClinMicrobiol,37(5): 1591-1594.

Center for Disease Control and Prevention CDC (2010).Prevenção pessoal de infecções cutâneas por MRSA.

Centro de Controlo e Prevenção de Doenças (2011). Infecções por *Staphylococcus aureus* resistente à meticilina (MRSA).CDC MRSA website (/mrsa/).

Centros de Controlo e Prevenção de Doenças, (2009). Os produtos que contêm antibacterianos (sabonetes, produtos de limpeza doméstica, etc.) são melhores para prevenir a propagação de infecções? A sua utilização contribui para o problema da resistência?, Antibiotic Resistance Questions & Answers, EUA.

Centro de Controlo e Prevenção de Doenças. (2011). Vigilância do MRSA.

Centros de Controlo e Prevenção de Doenças (2012). Infecções por MRSA: Pessoas em risco de contrair infecções por MRSA.

Chambers, H. (1997). Methicillin resistance in staphylococci: molecular and biochemical basis and clinical implications. ClinMicrobiol Rev,10(4), 781-791.

Chambers, H., &DeLeo, F. (2009). Ondas de resistência: *Staphylococcus aureus* na era dos antibióticos. Nat Rev Microbiol, 7(9): 629-641.

Changchien CH, Chen YY, Chen SW, Chen WL, Tsay JG, Chu C (2011). Estudo retrospetivo da fasceíte necrotizante e caraterização do *Staphylococcus aureus resistente à* meticilina associado em Taiwan.BMC Infect Dis.11: 297.

Cleaver Scientific company Ltd (2012).Manual de instruções em sistemas de eletroforese multi-sub.1-16.

Instituto de Normas Clínicas e Laboratoriais CLSI (2011). Normas de desempenho para testes de suscetibilidade antimicrobiana, Vigésimo primeiro suplemento de informação, documento CLSI M100-S21, Vol. 31 No.1 M02-A10, M07-A8, Wayne PA.USA.

Instituto de Normas Clínicas e Laboratoriais CLSI (2012). Normas de desempenho para o teste de suscetibilidade antimicrobiana. Vigésimo segundo suplemento de informação, documento CLSI M100-S22, Vol. 32 No.3 M02-A11, M07-A9, com M23-A3, M39-A3, M45-A2, Wayne PA.USA.

Coello, R., Jimenez, J., Garcfa, M., (1994). Estudo prospetivo da infeção, colonização e transporte de *Staphylococcus aureus* resistente à meticilina num surto que afectou 990 pacientes. Eur J ClinMicrobiol Infect Dis, 13(1), 74-81.

Coia, J., Duckworth, G., Edwards, D., (2006). Diretrizes para o controlo e prevenção de *Staphylococcus aureus* resistente à meticilina (MRSA) em unidades de cuidados de saúde pelo grupo de trabalho conjunto BSAC/HIS/ICNA sobre MRSA. J Hosp Infect, 63(1): S1-S44.

Collins, J., Rudkin, J., Recker, M., Pozzi, C., O'Gara, J. P., Massey, R C. (2010). Compensação dos custos da virulência e da resistência aos antibióticos por MRSA. ISME J 4, 577-584.

Cookson, B., F. Schmitz, e A.C. Fluit, (2003). Introdução, em MRSA Current Perspectives, A.C. Fluit e F. Schmitz, Editores, Caister Academic press: Utrecht. p. 1-9.

Corey, G.R. (2009). Infecções da corrente sanguínea por *Staphylococcus aureus*: definições e tratamento. Clin Infect Dis 48(4): S254-9.

Cosgrove, S., Sakoulas, G., Perencevich, E., et al. (2003). Comparação da mortalidade associada à bacteremia por *Staphylococcus aureus* resistente à meticilina e suscetível à meticilina: uma meta-análise. Clin Infect Dis, 36(1), 53-59.

Coton, E., Desmonts, M., Leroy, S., et al. (2010). Biodiversidade de estafilococos coagulase negativos em queijos franceses, salsichas fermentadas secas, ambientes de processamento e amostras clínicas. Int J Food Microbiol, 137(2-3), 221-229.

Courvalin, P. (2006).Resistência à vancomicina em cocos gram-positivos. Clin. Infect.Dis., **42**(suppl. 1): S25-S34.

Cunnion, K.M., J.C. Lee, e M.M. Frank. (2001). A produção de cápsulas e a fase de crescimento influenciam a ligação do complemento a *Staphylococcus aureus*.

Infect Immun 69(11): 6796-6803.

Dan Ferber (2002). A proibição da alimentação do gado preserva o poder das drogas. Science 295 (5552): 27-28.

Daum, R. S. &Spellberg, B. (2012). Progresso em direção a uma vacina contra *Staphylococcus aureus*. ClinInfec Dis54, 560-567.

Daum, Robert S. (2007). "Infecções da pele e dos tecidos moles causadas por *Staphylococcus aureus* resistente à meticilina". New England Journal of Medicine 357 (4): 380-390.

David, M. Z. &Daum, R. S. (2010). Staphylococcus aureus resistente à meticilina associado à comunidade: epidemiologia e consequências clínicas de uma epidemia emergente. ClinMicrobiol. Rev 23: 616-687.

DeLeo, F., Otto, M., Kreiswirth, B., & Chambers, H. (2010). *Staphylococcus aureus* resistente à meticilina associado à comunidade. Lancet, 375, 15571568.

Demarco, E.; Cushing, A.; Frempong-Manso, E.; Seo, M.; Jaravaza, A.; Kaatz, W. (2007). Resistência relacionada com o efluxo à norfloxacina, corantes e biocidas em isolados da corrente sanguínea de Staphylococcus aureus. Antimicrobial Agents and Chemotherapy 51 (9): 3235-3239.

Denys GA, Renzi PB, Koch KM, Wissel CM (2013).Comparação de três vias de BBL CHROMagar MRSA II, MRSA Select e spectra MRSA para a deteção de isolados de *Staphylococcus aureus* resistentes à meticilina em culturas de vigilância nasal. J CliMicrobiol. 51(1):202-205.

Deurenberg, R., Vink, C., Oudhuis, G., et al. (2005). Diferentes complexos clonais de *Staphylococcus aureus* resistente à meticilina estão disseminados na região Euregio Meuse-Rhine.Antimicrob Agents Chemother,49(10), 42634271.

Deurenberg, R.H. e E.E. Stobberingh. (2008). A evolução do *Staphylococcus aureus*. Infect Genet Evol. 8(6): 747-763.

Diederen, B. *et al.* (2005) Performance of CHROMagar MRSA medium for detection of methicillin-resistant *Staphylococcus aureus*. J Clin. Microbiol. 43, 1925-1927.

Diep B, Carleton H, Chang R, Sensabaugh G, Perdreau-Remington F (2006). Papel de 34 genes de virulência na evolução de estirpes de *Staphylococcus aureus* resistentes à meticilina associadas a hospitais e comunidades. J Infect Dis 193 (11): 1495-503.

Diep, B., Sensabaugh, G., Somboonna, N., et al. (2004). Infecções generalizadas da pele e dos tecidos moles devidas a duas estirpes de *Staphylococcus aureus* resistentes à meticilina que contêm os genes para a leucocidina de Panton-Valentine. J ClinMicrobiol, 42(5), 2080-2084.

Dinges, M. M., P. M. Orwin, e P. M. Schlievert. (2000). Exotoxinas de *Staphylococcus aureus*. ClinMicrobiol Rev 13:16-34.

Donay, J, Mathieu, D., Fernandes, P. (2004). Avaliação do sistema automatizado phoenix para potencial utilização de rotina no laboratório de microbiologia clínica. J. Clin. Microbiol., 42(4): 1542-1546.

Dulon M, Haamann F, Peters C, Schablon A, Nienhaus A (2011). Prevalência de MRSA em contextos europeus de cuidados de saúde: uma revisão. BMC Infect Dis. 11: 138.

Dyke, K. e Gregory, P. (1997) Resistência mediada pela B-lactamase. In: *The Staphylococci in Human Disease.* Churchill Livingstone.139-157.

El Karamany, I M, Yasser M , Ahmed M, Tamer M, Magdy A A.(2013). Deteção de níveis elevados de resistência à meticilina e a múltiplos fármacos entre isolados clínicos de *Staphylococcus aureus*. AJMR. 7(16):1598-1604.

Ellis, M. W., Griffith, M. E., Jorgensen, J. H., Hospenthal, D. R., Mende, K. & Patterson, J. E. (2009). Presença e epidemiologia molecular de factores de virulência em estirpes de Staphylococcus *aureus* resistentes à meticilina que colonizam e infectam soldados. J ClinMicrobiol 47, 940- 945.

Emonts, M., et al. (2008). Polimorfismos do hospedeiro na interleucina 4, fator H do complemento e proteína C-reactiva associados ao transporte nasal de *Staphylococcus aureus* e à ocorrência de furúnculos. J Infect Dis 197(9): 124453.

Enright, M., Day, N., Davies, C., et al. (2000). Multilocus sequence typing for characterization of methicillin resistant and methicillin-susceptible clones of *Staphylococcus aureus*. J ClinMicrobiol, 38(3): 1008-1015.

Felten, A., Grandry, P., Lagrange, P., &Casin, I. (2002). Evaluation of three techniques for detection of low-level methicillin-resistant *Staphylococcus aureus* (MRSA): a disc diffusion method with cefoxitin and moxalactam, the Vitek 2 system, and the MRSA-screen latex agglutination test. J ClinMicrobiol,40(8): 2766- 2771.

Feng-J C, Wen H, Chen-Her W, Pei-Chen C, Hui-Yin et al.(2012*). Staphylococcus* *aureus* mecA-Positivo com MIC de Oxacilina de Baixo Nível em Taiwan. J ClinMicrobiol. 50(5): 1679-1683.

Ferreira, J. Pinto.(2011). *Staphylococcus aureus* resistente à meticilina: Epidemiologia e Política. Faculdade de Pós-Graduação da Universidade Estadual da Carolina do Norte. 1-134.

Firth, N. *et al.* (2000) Replicação de plasmídeos de multiresistência estafilocócica. J Bacteriol182, 2170-2178.

Forbes, B. A., Daniel, F. S., e Alice, S. W. (2007). Bailey and Scott's Diagnostic microbiology . 12ª. ed., Mosby Elsevier company, EUA.

Fowler, V., Miro, J., Hoen, B., et al. (2005). Endocardite por *Staphylococcus aureus*: uma consequência do progresso da medicina.JAMA, 293(24), 3012-3021.

Frenay, H.M., A.E. Bunschoten, L.M. Schouls, W.J. van Leeuwen, C.M. Vandenbroucke-Grauls, J. Verhoef, e F.R. Mooi. (1996). Molecular typing of methicillin-resistant *Staphylococcus aureus* on the basis of protein A gene polymorphism. Eur J ClinMicrobiol Infect Dis 15(1): 60-4.

Friedrich, A. W., et al. (2008). Uma rede laboratorial europeia para a tipagem baseada na sequência de *Staphylococcus aureus* resistente à meticilina (MRSA) como plataforma de comunicação entre a medicina humana e veterinária - uma atualização do SeqNet.org. Euro Surveill 13(19).

Garcia-Alvarez, A., Holden, M., Lindsay, H., et al. (2011). *Staphylococcus aureus* resistente à meticilina com um novo mecAhomologue em populações humanas e bovinas no Reino Unido e na Dinamarca: um estudo descritivo. Lancet InfDis, 11, 595-603.

Geary, C., Stevens, M., Sneath, P.H.A. e Mitchell, C.J. (1989) Construção de uma base de dados para identificar espécies de Staphylococcus. J ClinPathol. 42: 289-294.

Geneaid (2013). Kit de reagentes de ADN genómico. Coreia./www.geneaid.com.

Girou E, Legrand P, Soing-Altrach S, et al. (2006). Association between hand hygiene compliance and methicillin-resistant Staphylococcus aureus prevalence in a French rehabilitation hospital. Infect Control HospEpidemiol. 27 (10): 1128-30.

Goossens H, Ferech M, Vander Stichele R, Elseviers M (2005). Utilização de antibióticos em ambulatório na Europa e associação com a resistência: um estudo de base de dados transnacional. Lancet 365 (9459): 579-87.

Gordon RJ, Lowy FD (2008). Patogénese da infeção por *Staphylococcus aureus* resistente à meticilina. Clin. Infect. Dis. 46 (5): S350-9.

Gould, F., Brindle, R., Chadwick, P., et al. (2009). Guidelines (2008) for the prophylaxis and treatment of methicillin-resistant *Staphylococcus ureus*(MRSA) infections in the United Kingdom [Diretrizes (2008) para a profilaxia e tratamento de infecções por *Staphylococcus ureus* resistentes à meticilina (MRSA) no Reino Unido]. J AntimicrobChemother.63: 849-861.

Grobner, S., Dion, M., Plante, M. &Kempf, V. A. J.(2009).Avaliação do ensaio BD GeneOhmStaphSR para a deteção de isolados de Staphylococcus aureus resistentes à meticilina e susceptíveis à meticilina a partir de frascos de hemocultura positivos com picos. J ClinMicrobiol47, 1689-1694.

Guss, B., M. Uhlen, B. Nilsson, M. Lindberg, J. Sjoquist, e J. Sjodahl. (1984). Região X, a parte de ligação à parede celular da proteína estafilocócica A. Eur J Biochem 138(2): 413-420.

Hall, T. A., et al. (2009). Genotipagem molecular rápida e atribuição de complexos clonais de isolados de *Staphylococcus aureus* por PCR acoplada a espetrometria de massa com ionização por electrospray. J ClinMicrobiol47(6): 17331741.

Harbarth S, et al . (2011). Atualização sobre o rastreio e o diagnóstico clínico de Staphylococcus aureus resistente à meticilina (MRSA). Int. J. Antimicrob. Agents 37:110-117

Hardy KJ, Oppenheim BA, Gossain S, Gao F, Hawkey PM. (2006). Um estudo da relação entre a contaminação ambiental com Staphylococcus aureus resistente à meticilina (MRSA) e a aquisição de MRSA pelos doentes. Infect Control HospEpidemiol. 27:127-132.

Herwaldt, L.A. (2003).*Staphylococcus aureus* nasal carriage and surgical -site infections Surgery. 134: 2-9.

Hoecke V, Deloof N, Claeys G(2011). Avaliação do desempenho de um meio cromogénico modificado, ChromID MRSA New, para a deteção de *Staphylococcus aureus* resistente à meticilina em amostras clínicas. Eur J ClinMicrobiol Infect Dis. 12:65.

Howden, B.P. (2005) Reconhecimento e gestão de infecções causadas por *Staphylococcus aureus* intermediário à vancomicina (VISA) e VISA heterogéneo (hVISA). Intern. Med. J.35 Suppl 2, S136-140.

Huang SS, Rifas-Shiman SL, Warren DK, et al. (2007). Improving methicillin-resistant Staphylococcus aureus surveillance and reporting in intensive care units. J Infect Dis. 195:330-338.

Huijsdens, X., van Dijke, B., Spalburg, E., et al. (2006). MRSA adquirido na comunidade e criação de suínos. Ann ClinMicrobiolAntimicrob, 10: 5- 26.

Huletsky, A, Lebel, P, Picard, F.J. (2005). Identificação do transporte de *Staphylococcus aureus* resistente à meticilina em menos de 1 hora durante um programa de vigilância hospitalar. Clin. Infect. Dis. 49:976-981.

Huletsky, A., et al. (2004). Novo ensaio de PCR em tempo real para a deteção rápida de *Staphylococcus aureus* resistente à meticilina diretamente a partir de amostras contendo uma mistura de estafilococos. J ClinMicrobiol 42(5): 1875-1884.

Huskins W. Charles, Charmaine M. , M.D., Huckabee, M.S., et al. (2011). Intervention to Reduce Transmission of Resistant Bacteria in Intensive Care [Intervenção para reduzir a transmissão de bactérias resistentes em cuidados intensivos]. N Engl J Med . 364:1407-1418.

Ibrahem, S., et al. (2009). Transporte de Staphylococci resistentes à meticilina e respectivos *SCCmectypes* num centro de cuidados continuados. J ClinMicrobiol47(1): 32-37.

Ichiyama, S., et al. (1991). Genomic DNA fingerprinting by pulsed-field gel electrophoresis as an epidemiological marker for study of nosocomial infections caused by methicillin-resistant *Staphylococcus aureus*. J ClinMicrobiol. 29(12): 2690-2695.

Inglis B, Matthews PR, Stewart PR. (1988). A expressão em Staphylococcus aureus de ADN clonado que codifica a resistência à meticilina. J Gen Microbiol; 134:1465.

Ito, T., K. Okuma, X.X. Ma, H. Yuzawa, e K. Hiramatsu. (2003). Informações sobre a resistência aos antibióticos de *Staphylococcus aureus* a partir do seu genoma completo: ilha genómica SCC. Drug Resist Updat 6(1): 41-52.

James W, Gina KM, Charles L(2010). Comparação do ensaio de PCR BD GeneOhm Methicillin-Resistant *Staphylococcus aureus* (MRSA) com a cultura através da utilização de BBL CHROMagar MRSA para a deteção de MRSA em culturas de vigilância nasal de doentes de unidades de cuidados intensivos. J. Clin.

Microbiol.48 (4): **1305-1309.**

Jevons, M.P. (1961) Celbenin-resistant staphylococci. Brit. Med. J. 1, 124-125.

John Merlino (2008).Métodos melhorados na identificação e despistagem da resistência antimicrobiana: despistagem cromogénica de *Staphylococcus aureus* e resistência à meticilina. Sociedade Australiana de Microbiologia. ASM. 29(3) :150-162.

Johnson AP, Aucken HM, Cavendish S, et al. (2001). Dominância de EMRSA-15 e -16 entre MRSA causadores de bacteriemia nosocomial no Reino Unido: análise de isolados do Sistema Europeu de Vigilância da Resistência Antimicrobiana (EARSS) . J AntimicrobChemother 48 (1): 143-4.

Johnson LB, José J, Yousif F, Pawlak J, Saravolatz LD. (2009). Prevalência de colonização com *Staphylococcus aureus* resistente à meticilina associado à comunidade entre doentes com doença renal terminal e profissionais de saúde. Infect Control HospEpidemio. l. 30(1):48.

Jorgensen, JH. (1991). Mechanisms of methicillin resistance in *Staphylococcus aureus* and methods for laboratory detection (Mecanismos de resistência à meticilina em *Staphylococcus aureus* e métodos de deteção laboratorial). Infect Control HospEpidemiol, 12(1): 14- 19.

Jorgensen, JH., & Ferraro, M. (2009). Antimicrobial susceptibility testing: a review of general principles and contemporary practices (Teste de suscetibilidade antimicrobiana: uma revisão dos princípios gerais e práticas contemporâneas). Clin Infect Dis,49(11), 1749-1755.

Julie Polisena, Stella Chen, Karen Cimon, Sarah McGill, et al. (2011). Eficácia clínica dos testes rápidos para *Staphylococcus aureus* resistente à meticilina (MRSA) em pacientes hospitalizados: uma revisão sistemática.BMC Infectious Diseases. 11:1471-2334.

Kallen AJ, Wilson CT, Larson RJ (2005). Perioperative intranasal mupirocin for the prevention of surgical-site infections: systematic review of the literature and meta-analysis. Infection control and hospital epidemiology: the official journal of the Society of Hospital Epidemiologists of America 26: 916-922.

Kang YC ,Wei-Chen T ,Chun-Chen Y , Je-Ho K eYhu-Chering H (2012). Transporte nasal de *Staphylococcus aureus* resistente à meticilina entre pacientes que recebem hemodiálise em Taiwan: taxa de prevalência, análise molecular caraterização e descolonização.BMC Infectious Diseases,12:284.

Kardas P (2007). Comparação da adesão dos doentes a regimes de antibióticos uma vez por dia e duas vezes por dia em infecções do trato respiratório: resultados de um ensaio aleatório. J. Antimicrob. Chemother. 59 (3): 531-536.

KateeteD P, Sylvia N, Moses O, Alfred O, Hannington B, Nathan L M, Fred A K, Moses L J, Robert Sand Florence C N (2011). Alta prevalência de *Staphylococcus aureus* resistente à meticilina nas unidades cirúrgicas do hospital Mulago em Kampala, Uganda.BMC Research Notes 2011, 4:326.

Kazakova, SV; Hageman, JC, Matava, M, Srinivasan, A, Phelan, L, et al. (2005). Um clone de *Staphylococcus aureus* resistente à meticilina entre jogadores de futebol profissional. The New England Journal of Medicine 352 (5): 468-475.

Kechrid, A., Perez-Vazquez, M., Smaoui, H., Hariga, D., Rodriguez -Banos, M.,et al. (2011). Molecular analysis of community acquired methicillin- susceptible and resistant *Staphylococcus aureus* isolates recovered from bacteraemic and osteomyelitis infections in children from Tunisia. *ClinMicrobiol Infect* 17, 1020-1026.

Khadri, H e Alzohairy M (2010). Prevalência e padrão de suscetibilidade aos antibióticos de estafilococos coagulase-negativos e resistentes à meticilina num hospital de cuidados terciários na Índia. Academic Journals / International Journal of Medicine and Medical Sciences . 2(4):   116-120.

Kiedrowski, M. R., Kavanaugh, J. S., Malone, C. L., Mootz, J. M., et al. (2011). A nuclease modula a formação de biofilme em Staphylococcus aureus resistente à meticilina associado à comunidade. PLoS ONE. 6: e26714.

King, M., Humphrey, B., Wang, Y., et al. (2006). Emergência do clone USA 300 de *Staphylococcus aureus* resistente à meticilina adquirido na comunidade como causa predominante de infecções da pele e dos tecidos moles. Ann Intern Med,144(5), 309-317.

Klevens R.M, Morrison M.A, Nadle J, Petit S, Gershman K, Ray S, et al. (2007).Invasive methicillin resistant *Staphylococcus aureus* infections in the United States. JAMA 298(15):1763-1771.

Kluytmans J (2007).Controlo de *Staphylococcus aureus* resistente à meticilina (MRSA) e o valor dos testes rápidos. J Hosp Infect.65:100-104.

Kluytmans, J. e Struelens, M. (2009). *Staphylococcus aureus* resistente à meticilina no hospital. Bmj338: b364.

Kluytmans, J., van Belkum, A., &Verbrugh, H. (1997). Nasal carriage of *Staphylococcus aureus*: epidemiology, underlying mechanisms, and associated risks.ClinMicrobiol Rev, 10(3), 505-520.

Kreienbuehl, L., Charbonney, E. &Eggimann, P. (2011). Pneumonia necrotizante adquirida na comunidade devido a *Staphylococcus aureus* sensível à meticilina que segrega leucocidina Panton-Valentine: uma revisão de relatos de casos.
Ann Intensive Care1, 52.

Labandeira, M., F. Couzon, S. Boisset, E.L. Brown, M. Bes, Y. Benito, E.M. Barbu, V. Vazquez, M. Hook, J. Etienne, F. Vandenesch, e M.G Bowden. (2007). *Staphylococcus aureus* Panton-Valentine leukocidin causa pneumonia necrosante. Science 315(5815): 1130-1133.

Ladhani, S., Konana, O.S.,Mwarumba, S, English, M.C. (2004). Bacteremia devido a *Staphylococcus aureus*. Arch. Dis. Infância, 89:568-571.

Lahteenmaki, K., P. Kuusela, e T. K. Korhonen. (2001). Activadores e receptores do plasminogénio bacteriano. FEMS Microbiol Rev 25: 531-552.

Lamy B, Laurent F, Gallon O, Doucet-Populaire F, Etienne J, Decousser JW & Grupo de Estudo (ColBVH) (2012). Resistência antibacteriana, genes que codificam toxinas e antecedentes genéticos entre *Staphylococcus aureus* isolados de infecções da pele e tecidos moles adquiridas na comunidade em França: um inquérito prospetivo nacional. Eur J ClinMicrobiol Infect Dis. 31: 12791284.

Lappin, E. e A.J. Ferguson. (2009). Síndromes de choque tóxico de gram-positivos. Lancet Infect Dis 9(5): 281-290.

Larsson, DG.; Fick, J. (2009). Transparência em toda a cadeia de produção - uma forma de reduzir a poluição resultante do fabrico de produtos farmacêuticos? RegulToxicolPharmacol 53 (3): 161.

Laurent, F., Chardon, H., Haenni, M., et al. (2012). MRSA que abriga o gene variante mecA mecC, França. Emerg Infect Dis, 18(9), 1465-1467.

Lee S, Park YJ, Oh EJ, Kahng J, Yoo JH, Jeong IH, Kwon YM, Han K (2007). Comparação de protocolos para a vigilância de *Staphylococcus aureus* resistente à meticilina (MRSA): pessoal médico vs doentes de UCI. Ann ClinLab Sci.37:248-250.

Lee, SeungokYeon-Joon Park, Jin-Hong Yoo, et al. (2008). Comparação de Protocolos de Rastreio de Culturas para *Staphylococcus aureus* Resistente à Meticilina

(MRSA) Utilizando um Ágar Cromogénico (MRSA-Select). Faculdade de Medicina, Universidade Católica da Coreia, Seul, Coreia.Annals of Clinical & Laboratory science. 38 (3).

Li JZ, Winston LG, Moore DH, Bent S (2007). Eficácia dos regimes antibióticos de curta duração para a pneumonia adquirida na comunidade: uma meta-análise. Am. J. Med. 120 (9): 783-790.

Lipsky BA, Tabak YP, Johannes RS, Vo L, Hyde L, Weigelt JA (2010). Infecções da pele e dos tecidos moles em doentes hospitalizados com diabetes: culturas isoladas e factores de risco associados à mortalidade, tempo de internamento e custos. Diabetologia 53 (5): 914-23.

Liu, C., Bayer, A., Cosgrove, S., et al. (2011). Diretrizes de prática clínica da Infectious Diseases Society of America para o tratamento de infecções por *Staphylococcus aureus* resistentes à meticilina em adultos e crianças. Clin Infect Dis, 52(3), e18- 55.

Liu, C., Graber, C., Karr, M., et al. (2008). Um estudo de base populacional sobre a incidência e a epidemiologia molecular da doença de Staphylococcus *aureus* resistente à meticilina em São Francisco, 2004-2005. Clin Infect Dis46(11), 1637-1646.

Liu, H., & Lewis, N. (1992). Comparação entre ampicilina/sulbactam e amoxicilina/ácido clavulânico para a deteção de *Staphylococcus aureus* resistentes à oxacilina limítrofes. Eur J ClinMicrobiol Infect Dis, 11(1): 47- 51.

Lowy, F. (2003). Antimicrobial resistance: the example of *Staphylococcus aureus* (Resistência antimicrobiana: o exemplo do *Staphylococcus aureus*). J Clin Invest, 111(9), 1265-1273.

Lowy, F. (2011). Como o *Staphylococcus aureus* se adapta ao seu hospedeiro. N Engl J Med, 364(21), 1987-1990.

Lu,Jun , AlexiosVlamis-Gardikas, Karuppasamy K ,Rong Z, Tomas N. Gustafsson, L, EngstrandS. (2013).Inibição da tioredoxina redutase bacteriana: um mecanismo antibiótico que visa bactérias sem glutatião. FASEB Journal, Vol. 27.

MacFaddin J F(**2000**).Biochemical Tests for Identification of Medical Bacteria. Baltimore, MD: Lippincott Williams & Wilkins.

Malcolm, B. (2011). The rise of methicillin-resistant *Staphylococcus aureus* in US correctional populations. J Corret Health Care 17, 254-265.

Malhotra-Kumar S, et al. (2010). Avaliação de meios cromogénicos para a deteção de Staphylococcus aureus resistente à meticilina. J. Clin. Microbiol. 48:1040-1046.

Malhotra-Kumar S, Haccuria K, Michiels M, et al.(2008). Tendências actuais no diagnóstico rápido de *Staphylococcus aureus* resistente à meticilina e espécies de *Enterococcus* resistentes a glicopeptídeos J. ClinMicrobio. 46:1577.

Mariana GP, Sergio RF, Herminia L, Alexander T (2001). Complementação da Função Essencial de Transpeptidase de Peptidoglicano de Ligação à Penicilina

Proteína2 (PBP2) pela proteína de resistência a medicamentos PBP2A em *Staphylococcus aureus*.J. Bacteriol.183(22): 6525-6531.

Mathew AG, Cissell R, Liamthong S (2007). Antibiotic resistance in bacteria associated with food animals: a United States perspective of livestock production. Foodborne Pathog. Dis. *4* (2): 115-133.

McDougal, L., &Thornsberry, C. (1986). The role of P-lactamase in staphylococcal resistance to penicillinase-resistant penicillins and cephalosporins. J ClinMicrobiol, 23(5): 832-839.

McNulty CA, Boyle P, Nichols T, Clappison P, Davey P (agosto de 2007). The public's attitudes to and compliance with antibiotics. J. Antimicrob. Chemother. 60 (1): i63-68.

Miller, L., Quan, C., & Shay, A. (2007). A prospective investigation of outcomes after hospital discharge for endemic, community-acquired methicillin resistant and -susceptible *Staphylococcus aureus* skin infection.

Miller, R., Esmail, H., Peto, T., et al. (2008). A bacteremia de admissão por MRSA é adquirida na comunidade? Um estudo de controlo de casos. J Infect, 56(3), 163-170.

Miro, J., Anguera, I., Cabell, C., et al. (2005). *Staphylococcus aureus* native valve infective endocarditis: report of 566 episodes from the International Collaboration on Endocarditis Merged Database. Clin Infect Dis, 41(4): 507-514.

Moellering, R. (2012). MRSA: o primeiro meio século. J AntimicrobChemother, **67**(1): 4-11.

Morrison, M. A., Hageman, J. C. &Klevens, R. M. (2006). Definição de caso para *Staphylococcus aureus* resistente à meticilina associado à comunidade. J Hosp Infect 62, 241.

Murakami K, Minamide W, Wada K, Nakamura E, Teraoka H, Watanabe S (1991). Identificação de estirpes de estafilococos resistentes à meticilina por reação em cadeia da polimerase. J. Clin. Microbiol. 29: 2240-2244.

Muto, CA., Jernigan, JA., Ostrowsky, BE., Richet, HM., Jarvis, WR., Boyce, JM., Farr, BM. (2003). SHEA guideline for preventing nosocomial transmission of multidrug-resistant strains of Staphylococcus aureus and enterococcus. Infect ControlHospEpidemiol 24 (5): 362-386.

Nadarajah, J., Lee, M., Louie, L., et al. (2006). Identificação de diferentes complexos clonais e diversas substituições de aminoácidos na proteína de ligação à penicilina 2 (PBP2) associadas à resistência limítrofe à oxacilina em isolados canadianos de *Staphylococcus aureus*.   J. Med.Microbiol. 55(12):1675-1683.

Naseer B.Shagufta,Jayaraj Y.M (2010). Transporte nasal de *Staphylococcus aureus* resistente à meticilina isolados de pacientes de unidades de cuidados intensivos. Res. J. Boil. Sci. 5(2):150-154.

Neill, A.J. e Chopra, I. (2006) Base molecular da resistência *mediada* por fusB ao ácido fusídico em *Staphylococcus aureus*. Mol. Microbiol. 59, 664-676.

Nguyen, T., B. Ghebrehiwet, e E.I. Peerschke(2000). *Staphylococcus aureus* protein A recognizes platelet gC1qR/p33: a novel mechanism for staphylococcal interactions with platelets. Infect Immun 68(4): 2061-2068.

NIOSH MRSA and the Workplace (2007).Instituto Nacional de Segurança e Saúde no Trabalho dos Estados Unidos.

Nouwen J, Schouten J, Schneebergen P, Snijders S, Maaskant J (2006). *Staphylococcus aureus* carriage patterns and the risk of infections associated with continuous peritoneal dialysis (Padrões de transporte de *Staphylococcus aureus* e o risco de infecções associadas à diálise peritoneal contínua). Journal of clinical microbiology 44: 2233-2236.

Novick, R.P., (2006).StaphylococcalPathogenesisand Pathogenicity Factors: Genetics and Regulation, in Gram-positive pathogens. ASM Press: Washington, D.C. p. 496-516.

Ogata, K; Narimatsu, H, Suzuki, M, Higuchi, W, Yamamoto, T, Taniguchi, H (2012). Carne distribuída comercialmente como um veículo potencial para *Staphylococcus aureus* resistente à meticilina adquirida na comunidade. Microbiologia aplicada e ambiental 78 (8): 2797-802.

Oliveira DC, de Lencastre H (2002). Estratégia de PCR multiplex para identificação rápida de tipos estruturais e variantes do elemento mec em Staphylococcusaureus resistente à meticilina . Antimicrob. Agents.

Chemother. 46: 2155-2161.

Otter JA, Puchowicz M, Ryan D, et al. (2009). Feasibility of routinely using hydrogen peroxide vapor to decontaminate rooms in a busy United States hospital. Infect Control HospEpidemiol 30 (6): 574-7.

Otter, J., & French, G. (2010). Molecular epidemiology of community associated methicillin-resistant *Staphylococcus aureus* in Europe.Lancet Infect Dis, 10: 227-239.

Otter, J., & French, G. (2012). *Staphylococcus aureus* resistente à meticilina associado à comunidade: o caso de uma definição genotípica. J Hosp Infect, 81, 143-148.

Palavecino E.(2007). Aspectos clínicos, epidemiológicos e laboratoriais das infecções por *Staphylococcus aureus* resistente à meticilina (MRSA). Methods in Molecular Biology. 391:1-19.

Patti, J. M. (2011).Será que alguma vez veremos a aprovação de uma vacina contra *o Staphylococcus aureus*? Expert Rev Anti Infect Ther9, 845-846.

Patti, J. M., B. L. Allen, M. J. McGavin, e M. Hook. (1994). MSCRAMM- mediated adherence of microorganisms to host tissues. Annu Rev Microbiol 48:585-617.

Paul, M., Zemer-Wassercug, N., Talker, O., et al. (2011). Todos os beta-lactâmicos são igualmente eficazes no tratamento da bacteremia por *Staphylococcus aureus* sensível à meticilina? ClinMicrobiol Infect, 17, 1581-1586.

Pechere JC (2001). Patients interviews and misuse of antibiotics. Clin. Infect. Dis. 33(3): S170-3.

Pechere JC, Hughes D, Kardas P, Cornaglia G (2007). Não cumprimento da terapia antibiótica para infecções comunitárias agudas: um inquérito global. Int. J. Antimicrob. 29 (3): 245-253.

Perry JD, Davies A, Butterworth LA, Hopley AJ, Nicholson A, Gould FK (2004). Desenvolvimento e avaliação de um meio de ágar cromogénico para

Staphylococcus aureus resistente à meticilina. J ClinMicrobiol. 42(10): 4519-4523.

Petersen, A., Stegger, M., Heltberg, O., et al. (2012). A epidemiologia do

Staphylococcus aureus resistente à meticilina portador do novo gene mecC na Dinamarca corrobora um reservatório zoonótico com transmissão para humanos. ClinMicrobiol Infect, 15 de setembro.

Peterson J. F., et al . (2010). Spectra MRSA, um novo meio de ágar cromogénico para rastreio de Staphylococcus aureus resistente à meticilina. J. Clin. Microbiol. 48:215-219.

Peterson L.P. (2010). To Screen or Not To Screen for Methicillin- Resistant *Staphylococcus aureus* (Rastrear ou não rastrear *Staphylococcus aureus* resistente à meticilina). J. Clinical Microbiol, 48(3):683.

Pourcel, C., et al. (2009). Ensaio melhorado de repetição em tandem de número variável de múltiplos locus para a genotipagem de *Staphylococcus aureus*, proporcionando uma técnica altamente informativa juntamente com um forte valor filogenético. J ClinMicrobiol. 47(10): 3121-3128.

Prakash, V., Lewis, J., & Jorgensen, J. (2008). As CIMs de vancomicina com isolados de *Staphylococcus aureus* resistentes à meticilina (MRSA) diferem com base no método de teste de suscetibilidade utilizado.Antimicrob Agents Chemother52(12: 4528.

PubMed Health (2011). Infeção por *Staphylococcus aureus* resistente à meticilina . Institutos Nacionais de Saúde dos EUA.

Qadri, S., Ueno, Y., Imambaccus, H., &Almodovar, E. (1994). Deteção rápida de *Staphylococcus aureus* resistente à meticilina pelo sistema Crystal MRSA ID. J ClinMicrobiol,32(7), 1830-1832.

Raygada, J., & Levine, D. (2009). Staphylococcus aureus resistente à meticilina: um risco crescente nos hospitais e na comunidade. Am Health Drug Benefits, 2(2), 86-95.

Riordan, K. e J.C. Lee. (2004). *Staphylococcus aureus* capsular polysaccharides. ClinMicrobiol Rev 17(1): 218-34.

Rogers, K., Fey, P., & Rupp, M. (2009). Infecções estafilocócicas coagulase-negativas. Infect Dis Clin North Am,23(1), 73-98.

Rouch, D.A. et al.(1987) O determinante de resistência à aacA-aphDgentamicina e à canamicina de Tn4001 de *Staphylococcus aureus*: expressão e análise da sequência de nucleótidos. J. Gen. Microbiol. 133, 3039-3052.

Rubinstein, E. (2008). Bacteriemia por *Staphylococcus aureus* com fontes conhecidas. Int J Antimicrob Agents 32(1): S18-20.

Ryffel, C., A. Strassle, F. H. Kayser, e B. Berger-Bachi. (1994). Mechanisms of heteroresistance in methicillinresistant *Staphylococcus aureus*. Antimicrob Agents Chemother 38:724-8.

Safdar, N., & Bradley, E. (2008). O risco de infeção após colonização nasal com *Staphylococcus aureus*. Am J Med,121(4), 310-315.

Sambrook, J. e Russell, D. W. (2001). Clonagem molecular: A Laboratory Manual, 3rd. ed. Cold Spring Harbor Laboratory Press, Cold Spring Harbor, NY, EUA.

Sanford, M., Widmer, A., Bale, M., et al (1994). Deteção eficiente e persistência a longo prazo do transporte de *Staphylococcus aureus* resistente à meticilina. Clin Infect Dis, 19(6), 1123-1128.

Sasaki, T., Tsubakishita, S., Tanaka, Y., et al. (2010). Método Multiplex-PCR para identificação de espécies de estafilococos coagulase positivos. J ClinMicrobiol, 48(3), 765-769.

Schito GC (2006). A importância do desenvolvimento da resistência aos antibióticos em Staphylococcus aureus. ClinMicrobiol Infect 12 (1): 3-8.

Schneider K, Garrett L (2009). Non-therapeutic Use of Antibiotics in Animal Agriculture, Corresponding Resistance Rates, and What Can be Done About It. http://www.cgdev.org/content/article/detail/1422307/.

Shore A., Deasy, E., Slickers, P., et al. (2011). Deteção do cromossoma de cassete estafilocócico mectype XI que transporta mecA, mecI, mecR1, blaZ e ccrgenes altamente divergentes em isolados clínicos humanos do complexo clonal

130 *Staphylococcus aureus* resistente à meticilina. Antimicrob Agents Chemother55(8), 3765-3773.

Siboo, I. R., A. L. Cheung, A. S. Bayer e P. M. Sullam. (2001). O fator de aglutinação A medeia a ligação de *Staphylococcus aureus* às plaquetas humanas. Infect Immun. 9:3120-3127.

Sjoquist, J., B. Meloun, e H. Hjelm. (1972). Proteína A isolada de *Staphylococcus aureus* após digestão com lisostafina. Eur J Biochem 29(3): 572-578.

Snyder J. W., Munier G. K., Johnson C. L. (2010).Comparação do ensaio de PCR BD GeneOhm para Staphylococcus aureus resistente à meticilina (MRSA) com a cultura utilizando BBL CHROMagar MRSA para a deteção de MRSA em culturas de vigilância nasal de doentes de unidades de cuidados intensivos. J. Clin. Microbiol. 48:1305-1309.

Solberg, C. (1965). Um estudo de portadores de *Staphylococcus aureus* com especial atenção às estimativas bacterianas quantitativas. Ata Med ScandSuppl, 436, 196.

Solberg, C. (2000). Disseminação de *Staphylococcus aureus* em hospitais: causas e prevenção. Scand J Infect Dis, 32(6): 587-595.

Stamper, P., Louie, L., Wong, H., et al. (2011). Caracterização genotípica e fenotípica de isolados de *Staphylococcus aureus* susceptíveis à meticilina incorretamente identificados como *Staphylococcus aureus* resistentes à meticilina pelo ensaio BD GeneOhm MRSA. J ClinMicrobiol, 49(4): 1240-1244.

Stefani, S., Chung, D., Lindsay, J., et al. (2012). *Staphylococcus aureus* resistente à meticilina (MRSA): epidemiologia global e harmonização dos métodos de tipagem. Int J Antimicrob Agents, 39: 273-282.

Struelens, M., Hawkey, P., French, G., et al. (2009). Ferramentas e estratégias laboratoriais para o rastreio, a vigilância e a tipagem de *Staphylococcus aureus* resistente à meticilina: estado da arte e necessidades não satisfeitas. ClinMicrobiol Infect, 15(2): 112-119.

Swenson, J., &Tenover, F. (2005). Resultados de testes de difusão em disco com cefoxitina correlacionam-se com a presença de *mecA* em *Staphylococcus* spp. J ClinMicrobiol,43(8): 3818-3823.

Swenson, J.M., Patel J.B., e. Jorgensen J.H. (2007). Special Pheontypic Methods for Detecting Antibacterial Resistance, 9th. ed. ASM Press, Washington, DC.

Swoboda SM, Earsing K, Strauss K, Lane S, Lipsett PA (2004). A monitorização eletrónica e os avisos de voz melhoram a higiene das mãos e diminuem as infecções nosocomiais numa unidade de cuidados intermédios. Crit. Care Med. 32 (2): 358-63.

Tacconelli E, De Angelis G, Cataldo MA, Pozzi E, Cauda R (2008). Será que a exposição a antibióticos aumenta o risco de isolamento de Staphylococcus aureus resistente à meticilina (MRSA)? A systematic review and metaanalysis. J. Antimicrob. Chemother. 61 (1): 26-38.

Tacconelli E, De Angelis G, de Waure C, Cataldo MA, La Torre G, Cauda R.(2009). Testes rápidos de despistagem do *Staphylococcus aureus* resistente à meticilina *na* admissão hospitalar: revisão sistemática e **meta-análise**. Lancet Infect Dis, **9**:546-554.

Tacconelli, E.; De Angelis, G.; Cataldo, MA.; Pozzi, E.; Cauda, R. (2008). Será que a exposição a antibióticos aumenta o risco de isolamento de *Staphylococcus aureus* resistente à meticilina (MRSA)? Uma revisão sistemática e meta-análise. J AntimicrobChemother 61 (1): 26-38.

Tenover, F. C., et al. (2006). Characterization of a strain of community-associated methicillin-resistant *Staphylococcus aureus* widely disseminated in the United States. J ClinMicrobiol 44(1): 108-118.

Tenover, F.C. e R.J. Gorwitz. (2006*).*The Epidemiology of *Staphylococcus* infections, in Gram-positive pathogens, V.A. Fiscetti, et al., Editors., ASM Press: Washington, D.C. p. 526-534.

Centro Médico da Universidade de Chicago. (2010). Linha cronológica da história do MRSA: A primeira metade do século, 1959-2009.

Thomas JK, Forrest A, Bhavnani SM, et al. (1998). Avaliação farmacodinâmica dos factores associados ao desenvolvimento de resistência bacteriana em doentes agudos durante a terapêutica. Antimicrob. Agents Chemother. 42 (3): 521-7.

Tortora G.J, Funke B.R, Case Ch.L (1992). Microbiologia: uma introdução, Redwood city, Califórnia: Benjamin Cummings Publishing Company ,Inc; ,810p.

Turabelidze, G., Lin, M., Wolkoff, B., Dodson, D., Gladbach, S. & Zhu, B. P. (2006). Personal hygiene and methicillin-resistant *Staphylococcus aureus* infection (Higiene pessoal e infeção por *Staphylococcus aureus* resistente à meticilina). Emerg Infect Dis12, 422-427. 28 de 30.

UK Office for National Statistics Online (2007). As mortes por MRSA continuam a aumentar em 2005.

VainioAnni.(2012). Métodos moleculares para a análise epidemiológica de *Staphylococcus aureus* resistente à meticilina (MRSA) e *Streptococcus pneumoniae*. Instituto Nacional de Saúde e Bem-Estar (THL), Investigação 71, 164 páginas. Tampere, Finlândia.

Van Cleef, B., Monnet, D., Voss, A., et al (2011). *Staphylococcus aureus* resistente à meticilina associado ao gado em humanos, Europa. Emerg Infect Dis, **17**(3): 502-505.

Van Loo, I., Huijsdens, X., Tiemersma, E., et al. (2007). Emergência de *Staphylococcus aureus* resistente à meticilina de origem animal em seres humanos. Emerg Infect Dis. 13(12): 1834-1839.

Vandecasteele, S., Boelaert, J., & De Vriese, A.(2009). Infecções por *Staphylococcus aureus* em hemodiálise: o que um nefrologista deve saber. Clin J Am

SocNephrol, 4(8), 1388-1400.

Vandenesch, F., T. Naimi, M.C. Enright, G. Lina, G.R. Nimmo, H. Heffernan, N. Liassine, M. Bes, T. Greenland, M.E. Reverdy, e J. Etienne. (2003). *Staphylococcus aureus* resistente à meticilina adquirido na comunidade e portador dos genes da leucocidina Panton-Valentine: emergência a nível mundial. Emerg Infect Dis 9(8): 978-84.

Vandepitte , J., Verhaegen, K. Engbaek, P. Rohner, P. Piot, C. C. Heuck .(2003). Procedimentos laboratoriais básicos em bacteriologia clínica , 2. ed. 94-95.

Verhegghe, M., Pletinckx, L., Crombe, F., et al. (2012). *Staphylococcus aureus* resistente à meticilina (MRSA) ST398 em explorações de suínos e explorações multiespécies. Zoonoses Saúde Pública, Epub ahead of print.

Voss, A., Loeffen, F., Bakker, J., et al. (2005). *Staphylococcus aureus* resistente à meticilina em suinicultura. Emerg Infect Dis, 11(12): 19651966.

Vuopio-Varkila, J., Kuusela, P., &Kotilainen P. (2010). *Staphylococcus aureus*. In: Hedman, K., Heikkinen, T., Huovinen, P., Jarvinen, A., Meri, S., Vaara, M.. Microbiologia. Microbiologia, immunologiajainfektiosairaudet I. KustannusOyDuodecim, Helsínquia, pp. 83-97.

Wang R, Braughton KR, Kretschmer D, et al. (2007). Identificação de novos péptidos citolíticos como determinantes-chave da virulência do MRSA associado à comunidade. Nat. Med. 13(12): 1510-1514.

Wassenberg ,M, de Wit GA, Bonten MJ (2011). Custo-eficácia do rastreio pré-operatório e erradicação do transporte de Staphylococcus aureus. J. PloS one 6: e14815.

Wassenberg, M., Kluytmans, J., Erdkamp, S., Bosboom, R., Buiting, A., van Elzakker, E., Melchers, W., Thijsen, S., Troelstra, A. e outros autores (2012). Custos e benefícios do rastreio rápido do transporte de *Staphylococcus aureus* resistente à meticilina em unidades de cuidados intensivos: um estudo prospetivo multicêntrico. Crit Care16, R22.

Weigel, L.M. *et al.* (2003) Análise genética de um isolado de *Staphylococcus aureus* altamente resistente à vancomicina. Science 302, 1569-1571.

Weller, T., Crook, D., Crow, M., et al. (1997). Teste de suscetibilidade à meticilina de estafilococos por Etest e comparação com a   diluição em ágar e deteção de mec. J AntimicrobChemother, 39(2), 251-253.

Wendt, C., Havill, N., Chapin, K., et al. (2010). Avaliação de um novo meio seletivo,

BD BBL CHROMagar MRSA II, para a deteção de *Staphylococcus aureus* resistente à meticilina em diferentes amostras. J Clin Microbiol,48(6): 2223-2227.

Wertheim, H., Melles, D., Vos, M., et al. (2005). The role of nasal carriage in *Staphylococcus aureus* infections,Lancet Infect Dis, 5, 751-762.

OMS (2002). Use of antimicrobials outside human medicine and resultant antimicrobial resistance in humans (Utilização de antimicrobianos fora da medicina humana e resistência antimicrobiana resultante nos seres humanos). Organização Mundial de Saúde. http://www.who.int/mediacentre/factsheets/fs268/en/index.html.

Wieneke, A. A., D. Roberts, e R. J. Gilbert. (1993). Staphylococcal food poisoning in the United Kingdom, 1969-90. Epidemiol Infect 110:519-31.

Willemse, D. F., et al. (2009). Impressão digital ótica em epidemiologia bacteriana: A espetroscopia Raman como método de tipagem em tempo real. J ClinMicrobiol 47(3): 652-9.

Wolk DM, Marx JL, Dominguez L, Driscoll D, Schifman RB (2009). Comparação de MRSA select Agar, CHROMagar Methicillin-Resistance *Staphylococcus aureus* (MRSA) Medium e Xpert MRSA PCR para a deteção de MRSA nas narinas: Precisão do diagnóstico para amostras de vigilância com várias densidades bacterianas. J. Clin. Microbiol.12: 3933-3936.

Wren, M. W. D., Carder, C., Coen, P. G., Gant, V. & Wilson, A. P. R.(2006). Rapid molecular detection of methicillin-resistant *Staphylococcus aureus* (Deteção molecular rápida de *Staphylococcus aureus* resistente à meticilina). J ClinMicrobiol44, 1604-1605.

Wright III, J.S. e R.P. Novick (2003).Virulence Mechanismsin MRSAPathogenesis, em MRSA Current Perspectives, Caister Academic press: Utrecht. p. 213-251.

Xia, G., T. Kohler, e A. Peschel. (2010). Os polímeros de ácido teicóico e ácido lipoteicóico da parede de *Staphylococcus aureus*. Int J Med Microbiol 300(2-3): 148-154.

Zhu, W. et al.(2008). Isolados de *Staphylococcus aureus* resistentes à vancomicina associados a vanAplasmídeos do tipo Inc18 no Michigan. Antimicrob. Agents Chemother. 52, 452-457.

Buy your books fast and straightforward online - at one of world's fastest growing online book stores! Environmentally sound due to Print-on-Demand technologies.

Buy your books online at
www.morebooks.shop

Compre os seus livros mais rápido e diretamente na internet, em uma das livrarias on-line com o maior crescimento no mundo! Produção que protege o meio ambiente através das tecnologias de impressão sob demanda.

Compre os seus livros on-line em
www.morebooks.shop